건축의 이해

ARCHITECTURE AND YOU

윌리엄 W. 카우델 윌리엄 M. 페너 폴 케논 공저

박 만 식 역

기문당

건축의 이해

Architecture and you

How to experience
and enjoy buildings

By William Wayne Caudill FAIA
William Merriweather Pena FAIA
Paul Kennon AIA

Watson–Guptill Publications / New York

머.리.말

이 책에서는, 건축이란 무엇이며 또 건축은 어떻게 우리에게 받아들여지는가 하는 것들을 다루고 있습니다. 필자들은 건축가들로서 건축가 특유의 편견이 있을 수도 있습니다. 필자들은 건축역사가도 아니고 건축평론가도 아니며 또한 건축을 신봉하는 신학자들도 결코 아닙니다. 필자들은 건축실무자들로서 카우딜 로우렛 스코트(Caudill Rowlett Scott - CRS)라는 건축설계사무소에 속하여 미국 전지역뿐만 아니라 세계에 널려 있는 수백만의 사람들에게 이용되는 실로 수백 채의 건물을 설계해 왔습니다.

필자들은 건물의 이용자와 그들이 제기하는 건물에 대한 불만, 즉 사용하기에 불편할 만큼 너무 덥다거나 너무 추운 것, 물이 새거나 균열이 생긴 것, 노후화되어가는 점 등에 대하여 잘 알고 있습니다. 또한 필자들은 애정과 섬세한 주의를 기울여 기능적으로 설계된 건물에서 이용자들이 쉬고, 일하고, 공부하고, 물건을 사고, 무엇인가를 만들고, 기도하는 즐거움에 대해서도 잘 이해하고 있습니다. 건물이 생활을 보다 풍요롭게 하는데 매우 중요하다는 것을 배워서 알고 있으며, 지난 30년간에 걸친 실무 경험을 통하여 건물의 이용자는 그 건물의 공간이나 형태와 어떻게 상호작용하며 잘 설계된 공간이나 형태가 어떻게 인간의 요구에 대응해 가는가에 대하여 연구해 왔습니다.

이 책은 경험과 지식을 토대로 하여 간결하게 기술된 책으로서, 일상적으로 접할 수 있는 건물의 감상을 위한 좋은 길잡이가 될 것입니다.

필자들은 건물이 사람들의 일을 돕기도 하고 방해하기도 한다는 것과 또 좋은 건물은 능률적이고 그와 동시에 즐거움도 가져다준다는 것을 굳게 믿고 있습니다. 공간과 형태에서 즐거움을 얻는다는 것은 우리의 본래의 권리라고 생각하며, 이 즐거움은 두 가지 기본적인 방법, 즉 건물과 그에 관련된 공간을 신중하게 설계하는 일과 건축에 대한 이용자의 안목을 높이는 일 등에 의하여 보다 커질 수 있을 것입니다.

우리 CRS는 1946년 창립된 이래 디자이너와 기술자, 그리고 경영전문가가 일체가 되어 팀에 의한 실무의 방법을 취하고 팀 활동을 완벽한 것으로 만들고자 계속 노력하고 있습니다.

이 책이 대상으로 하고 있는 독자들 가운데는 구조전문가, 토목기사, 기계기사, 전기기사, 기술자문가 등의 기술자들도 있습니다. 이러한 독자들이 이 책을 읽고 특유의 과학적 접근방법에 인문계의 요소들을 가하여 팀 활동에 보다 큰 공헌을 할 수 있기를 기대합니다. 또 팀 활동의 성공에 있어 없어서는 안될 비건축가로서의 경영전문가들이 이 책에 포함되어 있는 여러 가지 생각에서 영감을 얻어 협력을 더욱 잘 할 수 있기를 바랍니다. 기술자나 경영전문가들이 서로 공감할 수 있는 협력자로서 공동으로 일하게 됨으로써 디자이너들은 비로소 기능적이고 아름다운 공간이나 형태를 창조하려는 그 본래의 임무를 다할 수 있을 것이며, 이 책이 그런 면에서 도움이 되어주기를 바랍니다.

그러나 무엇보다도 이 책이 건축에 대하여 거의 백지라 할 수 있는 독자들이 매일 접하는 건물에 대한 이해를 증진시키는데 도움이 되기를 바랍니다. 어떻게 더 잘 이해하느냐구요? 하나의 방법은 다만, '보고 그리고 느끼는 것'입니다. 흥미로운 건물을 대할 때마다 시간을 갖고 주위를 걷거나 들어가 보는 것입니다. 또 하나의 방법은 책을 읽는 것입니다. 건물이나 역사적 양식에 대해서 쓰인 책은 무수히 많으며, 그 중에는 매우 좋은 책들도 있습니다. 걸작으로 알려진 건물에 대해서 개념적 또는 시각적인 관심을 갖는 것은 좋은 일이며, 훌륭한 건축가들에 대해서 쓴 책도 많으므로 한번 읽어보는 것도 좋을 것입니다. 건축가의 사고방식을 안다는 것은 건물이 어떻게 이루어져 그곳에 서 있는가 하는 것을 이해하는 데 도움이 될 것이고, 건축평론가나 건축사가들이 쓴 최신 기사들을 읽어보는 것도 좋은 방법이 될 수 있을 것입니다. 이 책의 필자들은 건축실무자로서의 경험을 살려서 이 책에 건물과 건물 이용자들의 반응에 대한 기본적인 사항들을 표현하였습니다. 이 책 이외에 다른 관련 서적을 읽거나 실제로 건물을 견학하면 지식은 자연스럽게 늘어나 건축에 대한 조예가 깊어질 것입니다.

건물에 대한 책을 많이 읽을수록 건물의 대지, 창 내기(fenestration), 외피(envelope), 지역성(regionalism), 비례, 스케일, 구성, 통일성, 문양, 질감, 빛, 색, 균형, 대칭과 비대칭형, 리듬, 반복, 솔리드(solids)와 보이드(voids), 매스(mass), 볼륨(volume) 등 건물의 물리적인 측면에 관한 언어들을 알게 될 것입니다. 이러한 언어들은 건물이란 단순히 비바람만을 막기 위한 것이 아니라 사람들이 생각하기 시작한 이래 발전되어 온 것들입니다. 또 당신은 초시간적 특성, 인간적 척도, 상징적 표현, 사회적 맥락, 복합성, 모호성과 같은 지극히 개념적인 용어들과도 접하게 될 것입니다. 그 중에는 건축가들이 즐겨 쓰는 유행어도 있지만 그 껍질을 벗기고 본질을 이해한다면 간단히 알아들을 수 있을 것입니다. 그들은 이해하기만 하면 공간이나 형태에 대한 인식을 높여 충분한 감상을 꾀할 수 있을 것입니다.

이 책은 건축에 대하여 잘 알지 못하는 사람들을 위한 것이며, 또 건축가가 그들의 고객인 건축주에게 쉽게 권할 수 있는 종류의 책입니다. 또 건축을 공부하고 있는 학생, 건축가를 가족의 일원으로 둔 사람들, 건설위원회의 위원, 건물의 이용자, 그리고 건물에 대한 인식과 지각을 높여 건물을 감상하고자 하는 모든 사람들을 염두에 두고 집필되었습니다. 아울러 건축가로서 이 책을 읽고 자기 인생의 사명을 보다 명백히 할 수 있다면 참으로 다행입니다.

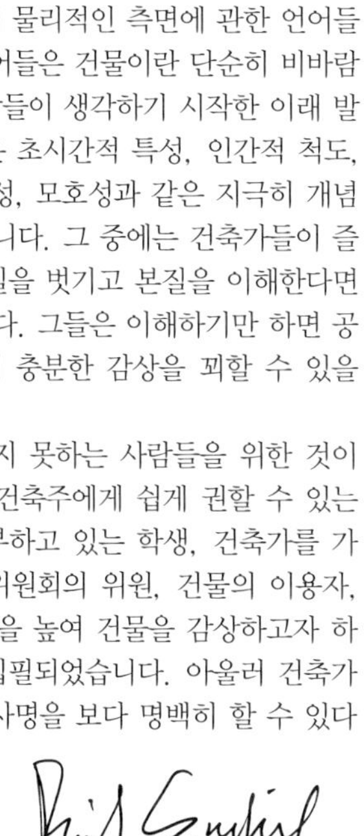

차 례

1. 감상 (Appreciation)

어느 음악회에 두 사람이 참석했을 때, 그 중 한 사람은 음악을 공부한 사람으로서 잘 훈련된 청각을 갖고 있고, 여러 해 동안 상당한 수준의 음악감상력을 키워왔으며, 위대한 작곡가들의 작품에 심취해 오던 그에게 있어 이 음악회는 마치 천국과도 같을 것입니다.

한편, 다른 한 사람에게는 이 음악회야말로 지루하기 짝이 없을 것입니다. 왜냐하면 그는 심각한 음악에는 별로 관심이 없으며, 음악에 관하여 별로 아는 것도 없고, 음악감상법을 익힌 적도 없으며, 좋은 음악의 즐거움도 모르고 있어서 그는 음악회가 끝날 때까지 참고 앉아 있기조차 힘들 것입니다.

그리고 중간 휴식시간에 이 두 사람은 음악당 내부를 돌아다니며 그 안에서 공간과 형태를 경험하는

1

사람들로 꽉 찬 음악회에서는 음악적인 체험뿐만 아니라 건축적인 체험도 맛볼 수 있다.

데 있어서 매우 다른 반응을 나타낼 것입니다. 이번에는 음악애호가가 곧 싫증을 느끼게 될 것입니다. 그는 건축에 대하여 아무것도 모를 뿐더러 시각적인 것에 대해서도 전혀 느끼지 못합니다. 그러나 다른 한 사람은 여러 해 동안 건물을 감상할 수 있는 능력을 키워왔고 잘 훈련된 눈을 갖고 있어서 큰 홀(Hall)의 공간과 형태의 좋은 점을 마음껏 음미하고 있을 것입니다. 그에게는 건축이야말로 시각적인 음악이라고 할 수 있습니다.

건축의 공간과 형태를 감상할 수 있는 능력을 키워온 사람은 음악을 감상하며 즐기는 사람들만큼이나 즐거움을 경험할 수 있습니다.

여기서 '건축의 감상'이란 말은 건축도 무대예술이나 시각예술 못지않게 실제로 우리의 감각을 통하여 즐길 수 있다는 생각을 더해주기 위해 쓰고자 합니다.

공간과 형태, 그리고 변화하는 광선은 시각적인 즐거움을 준다.

2

음악감상이나 미술의 감상처럼 건축의 감상도 배워야 되는 것입니다. 음악에 있어서는 어떻게 듣는가를 배우고, 미술에 있어서는 어떻게 보아야 하는가를 배우는 데 반하여 건축의 경우는 어떻게 지각하는가를 배우는 것입니다.

건물을 즐기고자 한다면 참으로 많은 기회가 우리들의 주택에서, 쇼핑센터에서, 그리고 종교시설 등 우리 주위에 널려 있음을 알게 됩니다. 사람들이 있는 곳에 건물이 있고, 건물이 있는 곳에 즐거움이 있을 수 있습니다.

건물을 즐기려면 공간과 형태를 지각하기 위한 지식과 경험이 필요합니다. 지식이라고요? 그렇습니다. 건물에 대하여 몇 가지 알아 두어야 할 것들이 있습니다. 즉 건물이 어떻게 세워졌는가, 사람들이 제 기능을 다하도록 어떠한 도움을 주고 있는가 등을 알아야 합니다. 그리고 당신은 아는 것을 가다듬고 당신 자신에 대해서도 알아야 합니다. 당신은 공간과 형태에 대하여 어떻게 느끼고 반응하고 있습니까? 아마 실제로는 아무것도 느끼는 것이나 반응하는 것이 없을 수도 있습니다.

때로는 육체, 감정, 지성 중에서 특히 강하게 반응하는 하는 경우는 있더라도 결코 어느 하나에만 반응하는 경우는 없으며, 완전한 감상은 삼위일체적인 것을 말합니다. 그래서 육체, 감정, 지성의 셋이 한층 활발하게 서로 영향을 미치게 되면 건축의 감상은 틀림없이 최상의 즐거움에 도달하게 될 것입니다.

당신은 삼위일체라고 할 수 있습니다. 당신은 육체적이며, 감정적이며, 지성적입니다.

춥고 휘몰아치는 비바람 속에서 따뜻하고 건조한 건물로 들어가게 되면 당신은 건물을 육체적으로 느낄 수 있으며, 그와 동시에 당신의 감정은 움직이기 시작할 것입니다. 그렇게 되면 그 이유는 명확히 모른다고 하더라도 색채, 질감, 모양, 그리고 크기 등을 좋아하게 되어 그 건물을 감정적으로 즐기게 됩니다. 또 당신이 육체적으로 느끼고 감정적으로 즐기게 되는 그 이유를 당신 자신이 알고 있기 때문에 지성적이라고 말할 수 있습니다.

육체적 감정적 지성적

삼위일체의 인간

2. 건축 (Architecture)

사람들은 지금까지 '건축이란 무엇인가'를 정의하는 데 별로 관심을 기울여 오지 않았습니다. 어떤 사람은 건축이란 특정한 건물을 지칭하는 것으로 생각하였고, 어떤 이는 모든 건물을 건축으로 생각했으며 또는 건축이란 건물의 질을 평범한 것에서 비범한 것으로 높여 주는 불가사의한 첨가물이라고 생각하기도 했습니다. 또 건축이란 "건물의 혼"이라고 말하는 사람이 있는가 하면 어떤 이는 건축이란 "스타일"로서 건물에 역사적 또는 현대적 감각을 불어넣기 위하여 그 위에 친 일종의 소스와 같은 것이라고 말하기도 합니다.

마이애미의 어떤 호텔 주인이 심한 폭풍우를 당한 후에 한 이야기가 있습니다. 그는 폭풍우가 그의 호텔에 끼친 피해에 대하여 질문을 받고 나서 "태풍이 건축을 날려 보냈으나 우리는 아직도 좋은 건물을 갖고 있습니다."라고 대답했습니다. 이 경우에 태풍은 말하자면 그 소스를 날려 보냈음에 틀림이 없습니다.

여기에 건축에 대한 우리의 정의를 피력해 봅시다.

건축은 개인적이고 즐거우며 불가결한 체험입니다. 우리는 육체, 감정, 그리고 지성이라는 세 개의 전혀 다르지만 서로 관련이 있는 입장에서 공간과 형태를 지각하고 감상합니다. 건축에 대한 경험은 육체적, 감정적, 지성적 욕구를 만족시켜 주는 감응을 불러 일으켜 사람과 건물 사이에 즐거운 상호작용을 가능하게 합니다.

건축에 대한 이러한 정의에 좀더 주의를 기울여 봅시다. 물론 앞의 정의에서 첫 문장, 즉 건축은 개인적이고 즐거운 우리에게 불가결한 체험이라는 것만을 기억해도 좋습니다.

이 정의를 육체적, 감정적, 지성적 반응의 상호작용을 보여주는 다음의 경우에 적용시켜 봅시다. 어떤 젊은 여성이 덥고 습한 바깥에서 안으로 들어옵니다. 그녀는 실내의 서늘함과 잘 조절된 습도를 몸에 느끼게 되는데 이 때 그 여자의 육체는 "아! 좋다."라고 말하고, 이 젊은 여성의 육체적 욕구는 만족된 것입니다. 여기서 육체적 존재로서의 그녀는 비례감, 색채, 질감, 그리고 가구, 벽 위의 그림 등에는 주의를 기울이고 있지 않습니다. 그러나 이번에는 감정적인 존재로서 시각적인 인식을 하기 시작하여 공간과 형태를 감각적으로 경험하게 됩니다. "이 공간의 모양과 비례가 좋군, 색채도 천장의 질감도, 바닥의 무늬, 고상한 의자, 벽의 그림도 다 내 마음에 드는데?"라고 느끼게 됩니다.

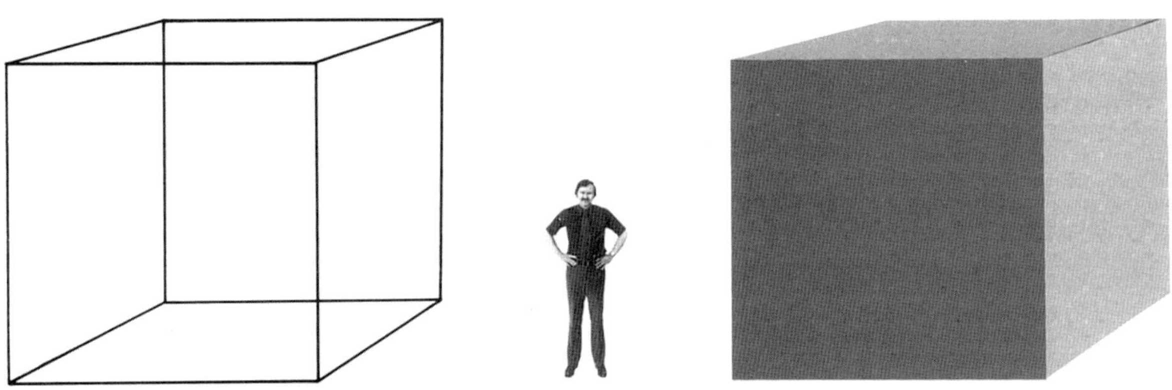

3

4

5

6

건축이란 건물과 인간이 서로 좋게 느껴졌을 때 비로소 생기는 것이다.

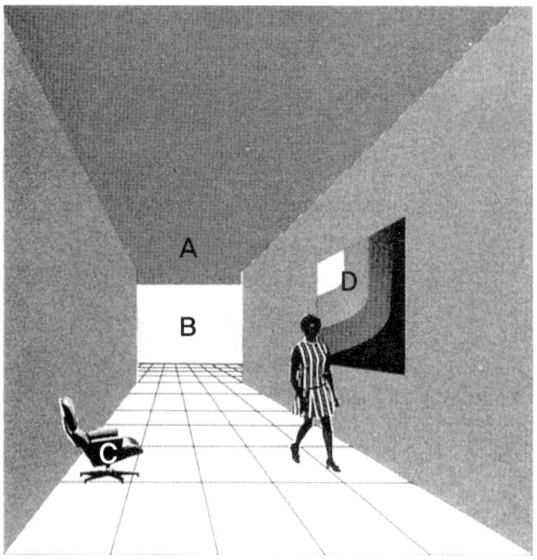

그녀는 이 모든 것들이 마음에 들었으나 그 이유를 알지 못하며 또 이유에 대해서는 별로 관심도 없습니다. 그러나 그녀의 감정적 욕구는 채워졌으며, 건축은 이렇게 해서 비롯되는 것입니다. 이 젊은 여성은 건물이 어떻게 설계되고, 어떻게 사람들에게 영향을 미치는가를 알고 있기 때문에 지성적 존재로서의 그녀가 공간과 형태에 반응을 하게 되어 "참 기발한 공간이군, 이 건물을 설계한 건축가는 공간을 어떻게 하면 잘 구성할 수 있는지를 실제로 잘 알고 있고, 또 독창적이란 말이야!"라고 느끼게 됩니다. 그녀는 지성적으로 다음과 같은 것들을 경험하게 됩니다. 즉 (A) 천장에 일체화된 복사난방, 천장과 벽이 만나는 부분의 "간결한 마감", (B) 산뜻하게 채색된 벽면에 의하여 이루어진 심리적인 전진이나 후퇴의 현상, (C) 찰스 이임스(Charles Eames)에 의하여 설계된 우아한 의자, 그리고 (D) 시각적인 악센트를 주는 그림 등입니다. 그녀는 자신의 눈에 비친 것을 좋아하게 되고 건축에 대한 체험은 더욱 날카로워집니다. 결국 지식이 감상의 깊이를 더하게 하는 것입니다. 그리하여 이제 그녀는 육체, 감정, 지성이라는 세 가지 요소가 수반된 그런 경지에 이르게 되어 최대의 깊이와 즐거움으로 건축을 접하게 되는 것입니다.

건축이 그렇게 간단하냐구요? 글쎄요. 건축을 이해한다는 것은 그다지 쉬운 일은 아닙니다. 그러나 개인적인 수준에서 볼 때 그렇게 어렵기만 한 것은 아닙니다. 왜냐하면 당신이야말로 그 개인이고 당신의 경험문제이기 때문입니다. 당신은 그 건축을 좋아하는지 싫어하는지를 확실히 말할 수 있고, 그것에 대한 체험이 좋은 것인지 나쁜 것인지도 말할 수 있으며, 당신에 대하여 당신처럼 잘 아는 사람도 없을 것입니다. 공간과 형태를 체험하는 일이 즐거워지면 그때서야 비로소 건축이 성립된다고 할 수 있습니다. 즉 아주 쉬운 얘기입니다.

다시 건축의 정의로 돌아가서 이야기해 봅시다. 건축은 개인적이고 즐거운, 우리에게 불가결한 체험이라고 했습니다. 그럼 왜 "불가결"이라고 했을까요?

건물에서 벗어나려 해도 당신은 매일 어떤 건물 안

7

건축의 범위는 무한하다. 한 도시의 전체를 체험하고 감상할 수도 있고, 한 건물의 미소한 세부를 감상할 수도 있다.

에 있게 마련입니다. 그리고 알게 모르게 건물은 당신에게 무엇인가를 하고 있습니다. 때로는 지나치게 폐쇄적이고, 때로는 너무 개방적이며, 덥고, 춥고, 시끄럽고, 어둡고, 눈부시고, 음산한 등등의 일로 건물은 당신에게 무언가 압력을 가하고 있습니다. 이 압력이란 다음과 같은 실제적인 예로 설명될 수 있습니다. 즉 6~8시간을 좋지 못한 교실에서 공부를 한다든지 설계가 잘못된 사무실에서 일을 하게 되면 신경이 날카로워지기 쉽고, 또 긴장을 일으키게 하는 물리적 환경 때문에 사람들은 신경질적이 되기도 합니다.

그러나 인간의 욕구에 꼭 맞게 적절히 설계된 좋은 건물은 학생들이 공부하고, 환자가 건강을 회복하며, 노동자가 일하고, 고객이 물건을 구입하는 데 각각 큰 도움을 주게 되는 것입니다. 위대한 건물이라고 하는 것들은 단지 그런 일에 그치지 않고 영감을 불러일으켜 인간의 잠재적인 가능성을 넓히기까지 합니다. 요컨대 건물은 중요한 것으로서 그것은 우리에게 큰 도움이 되기도 하고 때로는 큰 지장을 주기도 합니다. 그래서 건물은 사람들이 필요로 하는 것에 도움을 줌으로써 인간의 진보를 촉진시켜야 하며, 건축은 이를 한층 더 쉽게 할 것입니다.

사람들이 건물을 '예술 작품'으로 일컫는 것을 들었을 것입니다. 그러나 이와 같이 건물을 특징짓는 것은 잘못된 생각입니다. 건물은 디자이너 한 사람의 개인적 표현이라고 하기에는 너무 많은 것을 의미하고 있습니다. 이 점이 건물이 미술과 다르고 음악과 다른 점이다. 물론 좋은 건물을 설계하는 데는 대단한 경지의 예술적인 능력과 특히 창조력을 필요로 하고 있습니다.

20세기의 가장 독창적이고 솜씨 있는 건축가 중의 한 사람인 루이 카안(Louis I. Kahn)은 어떠한 건축철학책도 미칠 수 없는 영향력을 갖고 있는 건물을 펜실베이니아대학 구내에 설계했습니다. 그 건물

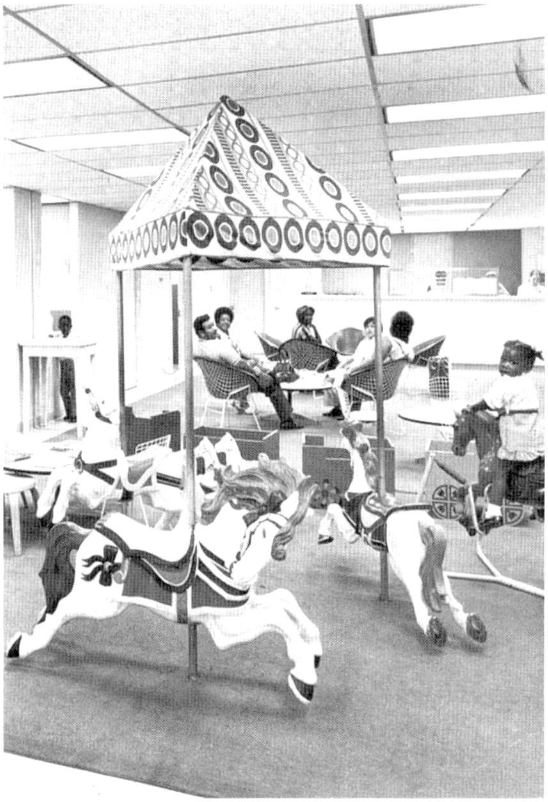

8

9

좋은 건물은 이용자의 요구에 잘 대응해 준다.

10

의 이름은 '리처드 의학연구소'인데 그 후 이를 모방한 설계의 건물이 우후죽순처럼 나타났고 건축학과의 설계과제로도 아마 수백 건은 나타났을 것입니다. 그러나 이들 중 어느 것도 성공하지 못했습니다. 이들 건축가 중 아무도 카안의 작품에 필적할만한 철학이나 독창성과 수완을 갖고 있지 못했기 때문입니다.

창조력이 있는 건축가의 작품을 감상하는 데는 감상하려는 사람도 창조력이 요구됩니다. 체험과 지식을 쌓은 후 독창적인 감상력을 몸에 익혀야 될 것입니다.

건축은 당신처럼 창조력이 있고, 지식이 풍부한 사람이 참신하고 정교하게 디자인된 건물을 체험할 때 비로소 생기게 되는 것입니다.

3. 기본적 사항(Basics)

건축의 감상력을 키우기 위한 몇 가지 기본적인 사항에 관하여 생각해 봅시다.

눈으로 보고 머리로 생각합니다. 벽돌을 보고 속이 꽉 차 있다는 것을 알고, 건물을 보고 안이 비어 있음을 알 수 있습니다. 여기에 예시한 상자 모양의 입방체를 보면, 눈은 큰 덩어리(mass)를 보지만 머리는 그 부피(volume)를 지각하게 됩니다. 이 입방체는 건물처럼 크게 생겼는데 건물은 일반적으로 이와 같이 큽니다. "도대체 이 커다란 상자 속에는 무엇이 들어 있을까" 당신은 그것을 알아내려고 할 것입니다.

다음 그림에서는 상자 안에 들어가 있는 경우입니다. 즉 상자 안에 담겨 있는 것이지요. 이 경우에는 공간과의 관계가 성립되는데, 여기서 공간은 형태에 의하여 규정되고 당신도 형태에 의하여 제한됩니다. 바닥, 천장, 그리고 4개의 벽면에 의하여 구성된 형태에 의해서 말입니다. 이와 같이 건물은 공간을 넣는 용기이며, 사람도 그 안에 들어 갈 수 있습니다.

내부공간을 체험하는 것은 외부공간의 체험과는 무척 다릅니다. 그래서 내부공간을 체험하는 것은 상자 안에 들어가 있는 것과 같아서 내부공간이 갖는 분위기의 영향을 강하게 받게 됩니다. 그래서 갇힌 것처럼 느끼거나, 쾌적함을 느끼거나, 어떤 위협을 느끼거나, 자극을 받거나 또는 구속감을 느끼거나, 자유를 느끼게 되는 것이지 결코 그 중간이란 있을 수 없습니다.

외부공간과 형태, 그리고 내부공간과 형태 사이의 상호관계를 우리는 머리로 지각하게 됩니다. 그래서 대부분의 건축가들이 건물의 외부는 내부를 반영한 것이어야 한다고 믿고 있는 것입니다. 이에 대한 건축가들의 생각은 대체로 다음과 같습니다. 즉 지붕에 돌출된 굴뚝이 있으면 건물 내의 거실 또는 서재 등 어딘가에 굴뚝이 딸린 벽난로가 틀림없이 있을 것이며, 또한 침실에 어울리는 곱게 주름잡힌 커튼이 달린 방이 돌출되어 있으면 그것은 결코 차고는

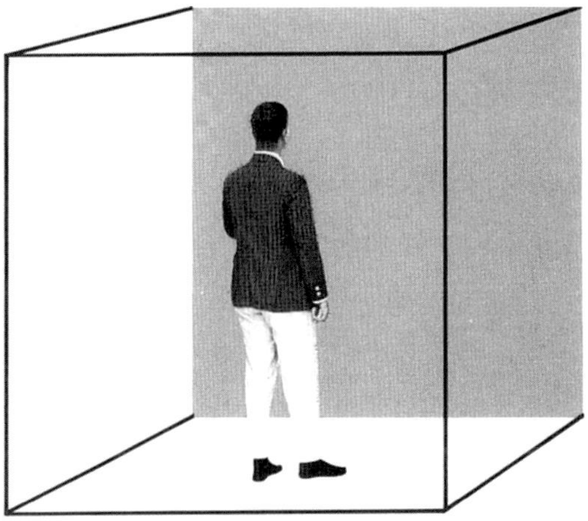

아니라고 생각하게 되는 것입니다. 이들 건축가들의 생각은 올바른 것입니다. 그냥 뜻 없이 붙여 놓은 굴뚝은 지성에 대한 모독이며, 차고는 차고처럼 보여야 되고 차고가 결코 침실로 생각되도록 사람들을 기만해서는 안 된다는 이야기입니다. 바이올린은 바이올린의 기능을 다할 수 있도록 그런 모양을 갖고 있는 것과 마찬가지인 것입니다.

당신은 내부가 마음에 든다고 해서 꼭 외부를 좋아할 필요는 없습니다.

그러나 때로는 내부가 마음에 들게 되면 외부를 좋아하게 되는 경우가 있습니다.

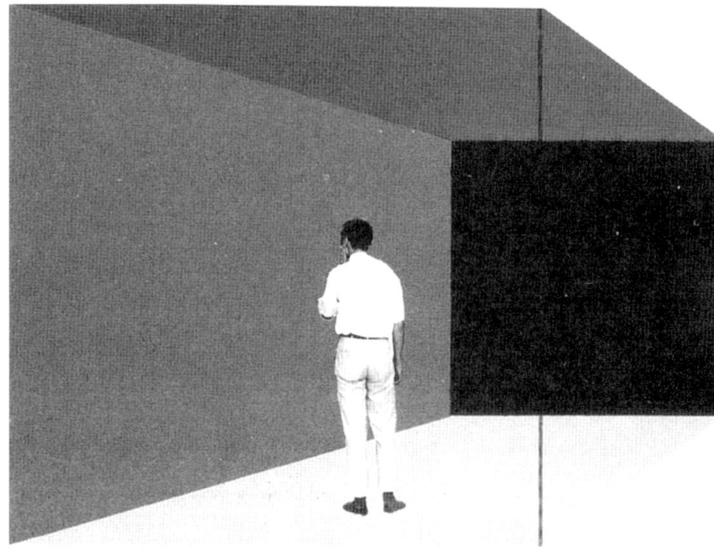

3-1 공간 (Space)

방은 공간이지만 공간이 반드시 어떤 방이어야만 하는 것은 아닙니다. 방은 때로는 여러 개의 공간으로 이루어지기도 하고, 어떤 것은 서로 연결되거나 맞물리고 뚜렷하게 분리되어 있기도 합니다.

건축적 공간을 우리는 정적 공간과 동적 공간으로 흔히 나누어서 생각합니다.

11

12

미국 오스틴에 있는 텍사스 주 의사당 건물에 가본 사람들은 대체로 그 정교한 형태보다도 그 형태에 의해서 규정되는 거대한 공간에 압도된다. 이와 같이 형태보다도 공간이 한층 더 돋보이는 건물도 많다.

공간은 건축가들이 다루는 매체라고 흔히 말한다. 큰 건물 안에 들어가면 즉시 그 건물이 갖는 극적인 공간적 효과를 느끼게 된다. 공간에 대한 감수성은 건축의 감상에 없어서는 안 될 필수불가결한 것이다.

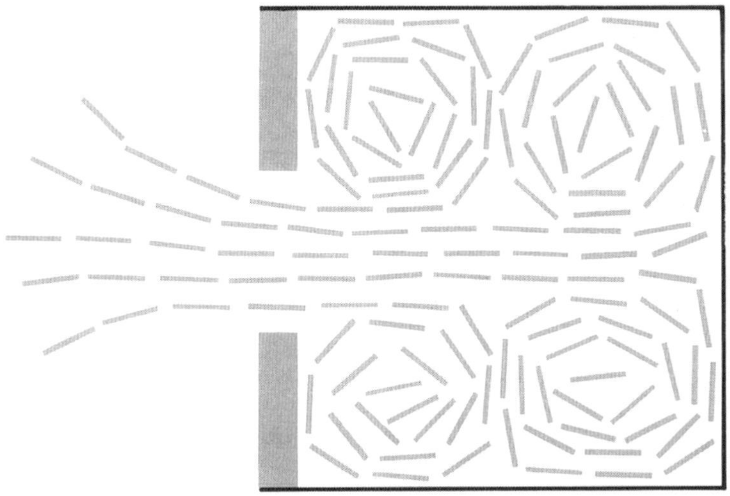

하나는 '자신의 눈으로 생각하는 것'인데, 그림에서처럼 떠다니는 작은 입자를 가지고 공간을 시각화하도록 권하고 싶습니다.

옆 그림에서 공간은 4면으로 둘러져 있어서 전혀 움직임이 없으며, 공간은 마치 담겨진 물과 같이 던지면 그대로 주저앉아 버립니다. 그야말로 정적입니다. 그러나 옆의 그림처럼 댐에 구멍을, 즉 벽에 창을 내면 그때는 움직임이 생기게 됩니다. 그 흐름을 측정할 수는 없으나 확실히 흐름이 있고, 그것은 시각적인 움직임이라고 말할 수 있습니다.

정적인 공간을 체험하고 있을 때, 당신은 상자 안에 갇혀 있는 것처럼 느낄 것이며, 개방 상태를 원하고 있다면 상자 속에 갇힌 그런 느낌은 기분 좋은 것이 못됩니다. 그러나 만약 어머니의 태내에서 보호되고 있는 것과 같은 환경을 구하고 있다면 오히려 상자 안에 있는 느낌이 좋을 것입니다.

동적 공간의 시각적 현상을 체험할 때 당신은 공간이 외부에서 내부로 또 내부에서 외부로 흘러 들어가고 흘러나오는 것처럼 느낄 것입니다. 또 작은 방이 실제보다 크게 느껴질 것이며, 갇혀 있는 듯한 기분은 훨씬 줄어들 것입니다.

여기서 건축가들은 형태뿐만 아니라 공간도 설계한다는 것을 기억해야 할 것입니다. 건축가는 공간의 모양을 만들고 공간에 어떤 특징을 부여하며, 공간이 흐르게 또는 정지하게 할 수도 있습니다. 종이 위에 그려진 2차원적인 평면도에서는 그들이 의도하는 공간적 효과의 지극히 일부밖에는 표현할 수 없다는 것을 알고 있지만 그들 건축가들마저도 때로는 계산착오를 일으키는 경우가 있습니다. 건물이 세워질 위치가 건물의 대지 위에 처음으로 말뚝을 박아 표시되었을 때, 건축주나 건축가는 때때로 겉보기에 매우 작아 보여서 속

정적 공간은 폐쇄된 공간으로서, 개구부도 없고 움직임도 없으며, 그저 공간이 놓여 있는 상태를 말합니다. 밤에 침실의 문을 닫고 커튼을 치면 정적인 공간을 만들 수 있습니다.

한편, 동적 공간은 다음 날 새벽에 커튼을 젖히고 아침 햇살이 방에 들어올 때 이루어지며, 공간은 유체의 성질이 있는 것처럼 유동적으로 되어 외부는 안으로 흘러 들어오고 내부는 밖으로 흘러나감을 봅니다. 공간에 대한 감각을 높일 수 있는 방법 중의

13

14

어떤 공간은 마치 흐르는 것처럼 느껴진다. 공간이 흐르는 듯한 성질을 갖고 있을 때 내부가 외부로, 외부가 내부로 시각적으로 확장되는 느낌이 생기게 된다.

는 경우가 많습니다. 건축가는 공간이란 참으로 다루기 힘든 매체이며, 특히 3차원은 항상 문제가 된다는 것을 알고 있습니다. 설계계획의 단계에서 건축가들은 3차원적으로 생각하지 않으면 안 되므로 고도의 공간의식을 갖고 있어야 합니다. 그러므로 공간의 감상에도 3차원적으로 생각할 필요가 있습니다. 당신도 흥미로운 건물을 방문하게 될 때 한번 3차원적으로 생각해 보십시오.

공간의식을 발전시키십시오.

공간을 눈으로 느끼고 무한한 공간적 효과에 대한 감수성을 높이기 위해서는 자신의 집 안을 걸어 다니며 공간을 주의 깊게 관찰하는 것도 좋은 방법입니다. 공간의 크기와 모양이 서로 다른 것에 주의해서 보십시오. 하나의 방이라는 공간을 벽, 천장, 바닥이 없는 마치 젤리처럼 투명한 입방체로서 보도록 하고, 더 나아가서 집 전체를 그러한 입방체가 집합된 시스템으로 생각해 봅시다. 방문을 열어 보면 1개의 입방체가 또 다른 입방체와 연결되어 공간의 볼륨이 변화하는 것을 알 수 있습니다.

건축가들은 직감적으로 볼륨이 서로 다른 공간들을 연결하여 공간의 대비에 의한 시각적인 즐거움을 이루어져왔습니다. 천장이 높고 큰 공간에 들어가기 전에 낮은 천장이 있는 곳을 통해 들어가도록 한 것은 그 전형적인 예라고 할 수 있으며, 이 경우 천장이 낮으면 낮을수록 그 효과는 더 큰 것입니다. 이러한 콘트라스트는 공간변화의 인식을 충분히 과장시켜서 적어도 처음에는 시각적인 충격을 주게 됩니다. 많은 사람들은 이러한 공간적인 변화를 좋아하여 그것이 주는 놀라움과 단조로움으로부터 벗어나는 것 등을 좋아하는 것입니다.

동적, 정적 또는 이들의 혼합된 여러 가지 공간을 알아보도록 하십시오. 당신의 주택이나 아파트야말로 좋은 학습장이 될 수 있습니다. 건축의 이해를 위해서는 그곳만으로도 충분합니다. 구태여 박물관이나 시민회관까지 갈 필요가 없습니다.

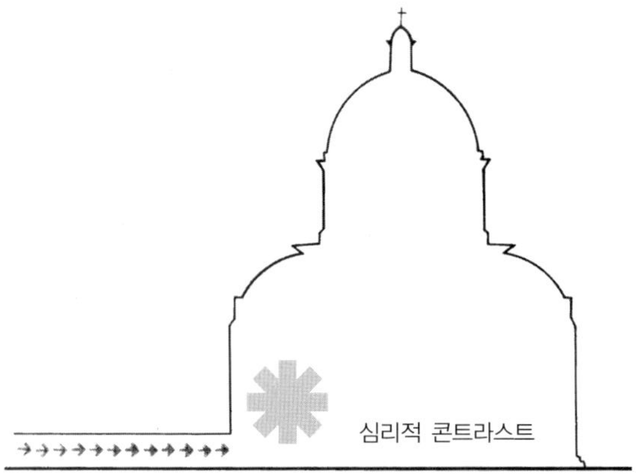

천장은 낮고 비좁은 곳을 통하여 천장이 높고 널찍한 곳으로 들어간다.

3-2 형태 (Form)

형태라는 어휘는 많은 의미를 지니고 있습니다. 공인회계사나 변호사, 음악가, 그리고 운동선수에게는 각기 다른 뜻을 의미합니다. 건축가에게는 형태란 건물에서 볼 수 있는, 예를 들면, 벽, 바닥, 천장, 처마를 말하고 또는 건물 전체 및 도시 전체를 말하기도 합니다. 형태는 강철, 콘크리트, 벽돌, 목재, 유리, 플라스틱 또는 이들의 조합 등 어떤 재료에 의해서도 구성될 수 있습니다.

형태는 여러 가지의 레이블(label)을 갖고 있어서 때로는 혼동을 하게 합니다. 역사가나 평론가, 그리고 건축가들은 형태를 비잔틴식, 르네상스식, 고딕식, 콜로니얼식(Colonial), 로마네스크식, 조지아식, 튜더식, 미이스풍(Miesian), 유기적, 근대적 등 여러 가지로 분류하고 있으며, 이러한 분류는 만약 혼합된 양식의 미묘한 뉘앙스를 표현한다고 하면 무한정 많아질 수 있습니다. 여기서는 미묘한 뉘앙스에 대한 것은 잠시 접어두고 기본적인 것을 살펴봅시다.

형태에는 3가지 기본적인 형태가 있습니다. 즉 조소적 형태, 골격적 형태, 그리고 평면적 형태 등입니다.

이들 기본적인 형태들은 건축의 역사를 통하여 쉽게 찾아볼 수 있습니다. 그들은 직선적일 때도 있고 곡선적일 때도 있습니다. 형태가 직선적이라 함은 입방체의 상자처럼 그것을 구성하는 면이나 입체도 평면으로 이루어져 있음을 말하며, 형태가 곡선적이란 공모양의 상자처럼 그 면이나 입체가 곡면을 이루고 있음을 뜻합니다. 또 건축가들은 어떤 형태를 놓고 하드(hard) 또는 소프트(soft)라는 말을 자주 쓰는데, 이때 그들은 그 형태를 이루고 있는 재료의 굳고 부드러움을 지칭하는 것이 아니고 그 모양을 말하고 있는 것이므로 이러한 점을 혼동하지 않아야 합니다. 소프트한 형태는 요컨대 날카로운 모서리를 별로 갖고 있지 않은 것을 말하며, 이와 반대로 '하드'한 형태는 날카로운 모서리를 갖고 있을 때를 말합니다.

다음에는 이들 세 가지 기본 형태의 대표적인 특징과 차이에 대하여 알아봅시다.

15

16

17

18

조소적 형태 : 조소적이란 영문으로는 플라스틱(plastic)이라 쓰고 있지만 여기서는 조각적인 것을 말하는 것이지, 플라스틱 재료를 뜻하는 것은 아닙니다. 초대형 콘크리트 입방체, 거창한 벽돌쌓기 또는 큰 나무둥치 등의 재료로 이루어진 조소적인 형태의 건물을 상상해 봅시다. 날카롭고 직선적인 조소적 형태로는 입방체, 각추, 각주 등이 있으며, 부드럽고 곡선적인 조소적 형태로는 돔(dome), 구체, 원주 또는 자유 형태 등을 그 예로 할 수 있습니다. 그러나 우리가 건물의 겉모양을 유심히 살펴보면 거의 모든 건물들은 어떤 조소적인 특징을 갖는 하나 또는 몇 개의 기하학적인 형태로 이루어져 있음을 알게 됩니다.

19

20 사람들은 옥내에서나 옥외에서 거대한 공공의 공간을 좋아하며, 또 흐르는 듯한 공간을 좋아한다.

건물 내를 걸어 다닐 때 공간의 볼륨이 서로 조합되어 있음에 유의할 것이고, 또 처음에는 상상력을 동원시켜서라도 건물의 형태가 어떻게 입방체, 반구형, 원통형, 기타 여러 가지 기하학적 모양으로 틀에 찍혀 나오듯이 만들어지는가를 관찰해 보도록.

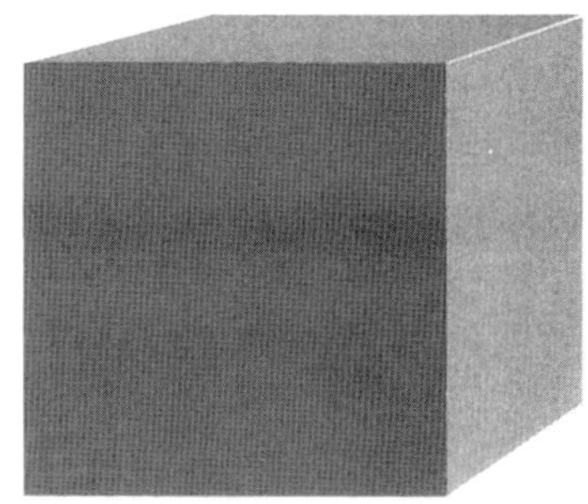

대낮에는 조소적 형태를 취한다.

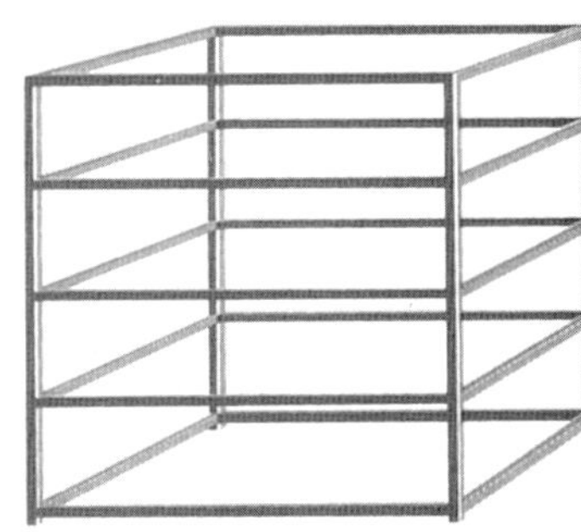

야간에는 골격적 형태가 된다.

야간에 평면적 형태로 되는 것도 있다.

조소적 형태는 조각적으로 보입니다.

미국 하버드대학에는 CRS가 설계한 라슨 홀(Larsen hall)이라고 불리는 순수한 조소적 형태를 지향하고 있는 건물이 있습니다. 이 건물은 마치 한 커다란 돌을 깎아서 만든 것처럼 보여 하나의 조각과 같은 인상을 줍니다.

건물은 조각 이상의 것이어야 하고, 또 쓸모 있어야 합니다. 이 건물은 쓸모가 있고 또 그 기능을 다하고 있기 때문에 형태의 아름다움은 기능의 효율성이 더해져서 돋보이고 있습니다. 만약 이 건물이 실제로 사용되는 건물이 아니었다면 형태가 골격적이거나, 평면적이거나, 조소적인 것과는 무관했을 것입니다. 이 건물을 설계한 건축가들은 이 건물을 지지하고 있는 구조적 골조를 강조하거나 또는 벽이나

미국 매사추세츠주 케임브리지에 있는 하버드대학의 라슨 홀은 조소적 형태의 명쾌한 예를 보여 주고 있다.

21

지붕면을 명확히 표현하고자 시도하지 않았습니다. 이 건물을 피막으로 덮인 집이라고 부르는 건축가도 있기는 하지만 실제로는 피막 이상의 깊이가 있어서 조소적인 형태를 규정하는 함축성 있는 방법의 예가 되기도 합니다.

조소적 형태를 보여주는 또 하나의 예는 터키 이스탄불에 있는 성 소피아 사원으로 서기 535년경에 세워진 것입니다. 건물의 여러 요소를 포함한 전체 적 형태는 반구, 원주, 원추, 입방체 등의 집합으로써 대체로 곡선적인 조소적 형태라 할 수 있습니다.

당시 비잔틴의 건축가였던 이시도르(Isidore)와 안데미우스(Anthemius)가 공간을 대담하게 구성하여 실로 로마의 건축가들을 능가할 수 있었습니다. 거대한 돔으로 이루어진 내부공간은 지금도 우리를 압도하고 있으며, 이 건물은 구조기술과 조소적 형태의 완전한 결합을 보여주는 전형적인 예라고 할 수 있습니다.

이스탄불의 성 소피아 사원은 강렬한 조소적 감각을 갖고 있다.

22

23

24

25

26

조소적 형태는 전체의 덩어리와 세부에서 조각적인 특징을 갖고 있다.

골격적 형태 다음에는 골격적인 형태에 대하여 생각해 봅시다. 공사중인 건물에서 그 구조체의 골조를 볼 수 있는데, 그것이 바로 골격적 형태입니다. 첫 눈에도 구조는 명확하여 기둥이나 들보를 알아볼 수 있고, 바닥이나 지붕이 어떻게 지지되고 있는지 명백히 알 수 있습니다.

사다리는 골격적인 형태를 보여주는 전통적인 예라고 할 수 있습니다. 목수들의 작업대(saw horse), 온실, 대나무 우산 또는 쉐이커식 식탁 의자 등도 마찬가지입니다. 즉 그것들의 뼈대가 보이기 때문입니다.

그리스 아테네에 있는 파르테논 신전에 둘러진 열주들도 골격적인 효과를 보여주며, 고딕 성당의 부벽들도 골격적입니다. 만약에 맘모스 체육관에서의 행사에 참관할 기회가 있으면 천장을 한번 쳐다봅시다. 여기서도 곡면의 아름다운 골격적 형태를 보게 될 것입니다. 또 공사중인 건물들은 벽돌을 쌓거나 철제 외벽 판을 붙이기 전에 아름다운 골격적 형태를 갖고 있습니다. 그래서 건축가들은 철골조구조로 공사중인 건물을 볼 때 간혹 "참 아름답다. 그러나 벽이 쌓여질 때까지 두고 봐야지. 아마 그때는 지금보다 아름답지 못할 거야"라고 말하기도 합니다.

어떤 건물들은 골격적인 효과를 갖도록 설계되기도 합니다. 즉 미적인 이유 때문에 구조를 의도적으로 노출시키는 것입니다.

잘 훈련된 사람들은 지붕과 바닥을 지지하고 있는 구조체를 보고도 더욱 큰 즐거움을 경험하게 됩니다. 골격적인 형태의 아름다움은 그 구조의 솔직함과 합리성에서 비롯되는 경우가 많습니다.

골격적 형태는 그의 뼈대를 보여주는 것입니다.

미국 일리노이주 시카고의 일리노이공과대학 크라운 홀(1950~1956)은 미이스(Mies van der Rohe)에 의하여 설계된 것으로 직선적인 골격의 형태를 보여주는 가장 우수한 예라고 할 수 있습니다. 골조가 노출되어 기둥과 보가 중요한 시각적 요소로서 디자인의 특징을 이루고 있습니다.

우리가 의자에 앉으면 기둥이라고 할 수 있는 의자다리에 압력을 가하게 됩니다. 일반적으로 기둥은 똑바로 서 있기 때문에 압축력을 받지만 기둥이 가늘 때 기둥은 휘어지려는 경향이 있어서 이른바, 휨-모멘트가 생기게 됩니다. 하중을 지지하기에 둔하게 굵지도 않고 그렇다고 너무 가늘지도 않게 적절히 우아하고 가냘프게 설계된 기둥들을 보는 것은 즐거운 일입니다. 경제학적 논리에 입각한 아름다움이 있는 것입니다.

자연에서도 이와 같은 것을 볼 수 있습니다. 장미꽃의 줄기는 보통 한 송이의 장미꽃을 지탱하기에 알맞은 크기로 되어 있습니다. 나뭇가지도 어떤 의미로는 소위 '캔틸레버(cantilever)보'라고도 할 수 있습니다. 자연에서의 구조체가 아름다운 것은 그것이 경제학적 논리에 따른 것이기 때문이며, 같은 논리를 구조부재를 강조하는 건물의 경우에도 적용시킬 수 있습니다. 실제로 구조부재는 적재하중(사람과 가구)과 고정하중(건축부재)을 지탱하고 있으며, 구조부재들은 눈에 보이게 작용하고 있는 것입니다.

1200년경에 세워진 파리의 노트르담 대성당은 압도적으로 골격적인 형태를 보여주고 있습니다. 고딕 건축가들은 구조체를 강조하기 좋아하여 때때로 그들의 예술적 묘기를 지나치게 과장함으로써 교회 건물이 무너진 것도 있지만 대부분의 교회들은 여러 세기를 견뎌왔습니다. 이 교회 건물들을 지은 건축가들이 한 일을 보면 실로 놀라운 데가 많습니다. 그들은 고대 이집트인이나 그리스인, 로마인, 잉카 민족들이 사용한 거대한 석재에 비하면 아주 작은 돌을 높이 쌓아올려서 상당히 큰 거대한 공간을 씌울 수 있었습니다. 현대의 건축가라면 철골이나 철근콘크리트를 뼈대로 하여 그 위에 석재를 안전하게 쌓을 수 있기 전에는 감히 그런 식으로 하려하지 않았겠지만 그 당시에 석재는 곧 뼈대였으며, 철골이나 철근콘크리트는 생각할 수도 없었습니다. 혁신적인 고딕 건축가들은 건물을 보다 높이 지으려는 끊임없는 노력 끝에 외벽으로 향하는 압력에 대항하기 위한 부벽(buttress)을 발명하였고, 이것은 다시 플라잉 버트레스(flying buttress)라는 힘찬 골격적 형태로 발전되었던 것입니다.

27

시카고 일리노이공과대학의 크라운 홀은 골격적 형태의 고전적인 예로서 세련된 미의식을 바탕으로 구조체를 돋보이게 나타내고 있다.

파리 노트르담 대성당의 플라잉 버트레스(flying buttress)는 골격적 형태의 명쾌한 예로서 지붕을 지지하고 외벽이 밖으로 넘어지는 것을 막기 위한 구조적 부재가 눈에 보이도록 되어 있다.

29

30

31

32

건물에 조예가 깊은 사람들은 골격적 형태의 시각적 명쾌함에서 큰 즐거움을 갖게 된다.

평면적 형태 이제는 세 번째의 기본형태인 평면적 형태에 대하여 생각해 봅시다. 최근 40년 동안 주로 바닥, 지붕, 벽이라는 명확히 구분된 평면들로 구성된 많은 건물들이 출현하였습니다. 이들을 설계한 건축가들은 아마도 골격적인 형태뿐만 아니라 평면적 형태의 거장이기도한 미이스나 평면적 형태의 거장인 라이트(Frank Lloyd Wright)에게서 영향을 받은 것으로 생각됩니다.

평면적 형태는 수평이나 수직의 몇 개의 평면이 때로는 중첩되기도 하고, 때로는 교차되기도 하며 또는 명확하게 떨어져서 구성되어 있습니다.

건축가가 평면을 구성하여 전체의 형태를 이루어 가는 것은 마치 트럼프 카드를 갖고 장난감 집을 만드는 것에 비유할 수 있습니다. 이것은 지나치게 단순한 비교이기는 하지만 조소적 형태나 골격적 형태에 대하여 평면적 형태가 갖는 이미지를 잘 전하고 있습니다. 천장이 높은 내부공간에서 독립되어 서있는 칸막이벽은 강렬한 평면적 효과를 보여주며, 또 조경의 요소 및 바람막이벽으로 쓰이는 독립된 외부의 벽돌벽에서도 역시 같은 효과를 얻을 수 있습니다.

역시 독립되어 꾸불꾸불한 곡선을 이루며 정원에 서있는 벽돌벽은 곡선적인 평면적 형태의 예이고, 또 흔히 호텔의 현관에서 볼 수 있는 수평의 곡면 차양도 같은 예라고 할 수 있으며, 대부분의 현대 건물들은 어느 정도 평면적인 효과를 갖고 있습니다.

스페인의 바르셀로나에서 1929년에 열렸던 만국박람회의 독일관은 미이스에 의하여 설계된 것으로서 직선적인 평면적 형태의 고전적인 실례로 꼽혀 "평면의 건축"이라고까지 불렸습니다. 그러나 온 세계의 건축가들을 형태의 순수화로 몰고 갔던 이 우아한 건물도 유감스럽게도 철거되어 후세의 여러 사람들, 특히 디자이너들에게는 돌이킬 수 없는 큰 손실이 되고 말았습니다. 이 건물에서 벽은 독립되어 서있는 단위로서 표현되어 다른 건물에서처럼 두 개의 벽이 모서리를 이루는 일이 없이 벽은 시각적으로 각각 분리되어 명확히 독립된 수직의 평면으로 건물이 이루어져 있고 심지어는 내력벽 위에 얹혀진 지붕은 칼로 끊은 듯이 명확히 독립된 수평면으로 표현되었습니다. 형태의 순수함, 명쾌함, 우아함, 간결함 등으로 이 건물은 건축역사상 가장 특출한 건물의 하나로서 그리고 평면을 마음껏 사용한 건축적 구성의 최초의 예로서 알려졌습니다.

폴 루돌프(Paul Rudolph)에 의하여 1962년에 설계된 일리노이주 어바나의 일리노이대학 크리스천사이언스기구의 건물에서는 수직이 강조되고 있습니다. 평면이 어떻게 떨어져 나갔고 또 어떻게 그룹지어져서 연속된 느낌이나 시각적 일관성을 부여하고 있는지 주의 있게 보십시오.

33

미이스가 설계하여 1929년 바르셀로나 만국박람회에 세워졌던 독일관은 지붕면, 벽면, 바닥면을 구성하는 새로운 방법을 탄생시켰다.

34

폴 루돌프가 설계한 크리스천 사이언스기구의 건물은 수직적인 평면을 잘 조합하여 설계한 것이다.

35

36

37

38

위 4장의 사진이 보여주는 것처럼 평면적인 형태는 예술적으로 구성되면 참으로 인상적인 것이 될 수도 있다. 수평의 평면도 있고, 수직의 평면도 있다는 것과 그 다양한 표현에 유의해야 한다. 이들 중 어느 것도 비슷해 보이지 않는다.

3-3 전체 형태 (Total Form)

3가지 형태를 이해하기 위한 지금까지의 노력에는 충분한 이유가 있습니다. 먼저 지금까지의 과정으로 여러분의 의식을 어느 정도 높일 수 있었으며, 처음에 3가지 기본적인 형태에 한정한 것이 훨씬 이해하기 쉬운 길이었고, 보다 튼튼하게 기본을 쌓을 수 있었습니다. 건물을 역사적으로 나타냈던 수백 가지의 양식이나 그와 유사한 양식으로 분류하여 이해하려 하지 않기를 바랍니다. 건축가들조차 이들을 전부 기억할 수는 없습니다. 특히 "텍사스식, 케이프코드풍"과 같은 식은 잊는 것이 나을 것입니다.

건물을 구성하는 모든 형태에 대한 감각을 높이고 비례감이나 상호관계, 그리고 이들에 의하여 규정되는 공간에 주목해봅시다. 그리고 공간과 형태가 어떻게 훌륭하게 하나의 예술적인 전체를 구성하는가에 대하여 알려고 노력해봅시다. 가장 강렬한 인상을 주는 것은 이 전체의 형태인 것입니다.

전체의 형태는 어떤 것인지, 주로 조소적인 형태인가 또는 골격적인 형태인가, 평면적인 형태인가, 또 조소적 · 골격적 · 평면적인 것 중에서 어느 것이 가장 뛰어난 것이라고 생각하는가를 자문해 보십시오. 아마도 곧 어느 것이든지 다른 것을 능가하는 것은 없다는 것을 알아차리게 될 것입니다. 대부분의 건물들은 이 세 가지 공간의 형태를 어느 정도 동시에 모두 갖고 있기 때문입니다.

예술적으로 가장 성공한 건물은 어느 한 가지의 강렬한 형태를 갖고 있는 것입니다.

어느 형태가 되든지 크게 문제될 것은 없습니다. 이 3가지 기본적인 형태가 각각 숙련된 건축가들에 의하여 건축적 작품으로 새로이 탄생된 것입니다. 예를 들면 라이트나 미이스는 훌륭한 건물들을 수없이 설계했지만 이들 가운데서 압도적으로 조소적인 것도 있고, 때로는 압도적으로 골격적이거나 평면적인 것도 있었습니다. 능력이 별로 없는 건축가로서는 막연한 전체의 형태 밖에 없는 건물을 종종 설계하게 되며, 어떤 형태로 할 것인지 결단이 서지 않은 애매한 건물에서는 시각적인 혼란이 생기기 마련입니다. 위대한 건물이란 명확한 주장(표현)을 가지고 있습니다.

세인트루이스의 기념물인 아치를 설계한 에로 사리넨(Eero Saarinen)은 복잡한 곡선적인 구조부재를 구성하여 단순하고 강력한 표현을 한 거장이었는데, 워싱턴 DC의 댈러스 공항 건물은 그의 위대한 구성력과 구조디자인의 초인적인 직관력을 합하여 이룩한 건물의 예가 되고 있습니다. 이 건물에서는 거대한 곡면으로 된 지붕이 매우 지배적입니다.

훌륭한 건물들은 하나의 지배적인 형태의 틀이 전체에서 매우 작은 세부에 이르기까지 일관하여 적용되고 있는 것입니다.

3-4 요 약

건물은 공간과 형태로 구성됩니다. 공간은 두 종류가 있는 데 그 중 하나는 동적 공간(유동적 효과를 갖는 공간)이고 또 하나는 정적 공간(밀봉된 것 같은 공간)입니다. 조소적(조각처럼 보이는) 형태, 골격적(골조를 보이는) 형태, 그리고 평면적(평면을 강조하는) 형태 등입니다. 이들은 모두 다음과 같이 한 손으로 다룰 수 있습니다.

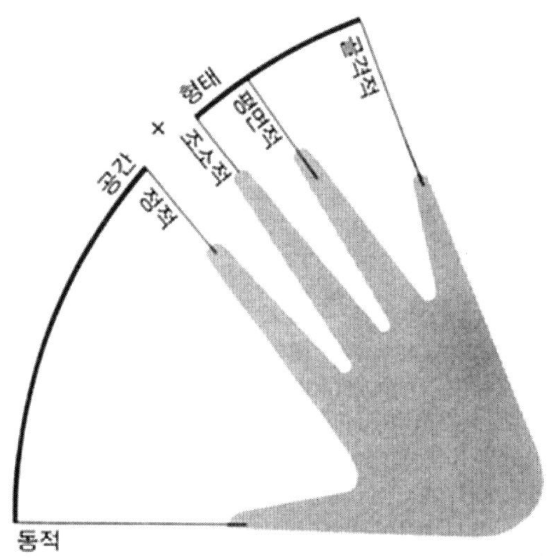

워싱턴 DC의 댈러스 공항의 전체적인 형태는 훌륭하게 구성되어 있다. 지붕은 금문교와 같은 케이블에 의한 지붕구조로서 뛰어난 평면적 효과를 이루고 있으며, 이로써 비교적 얇은 지붕판을 가능케 하였고, 이 거대한 곡면의 지붕에 건물의 다른 부분은 시각적으로 종속되어 있는 느낌이다. 설계는 에로 사리넨(Eero Saarinen).

39

4. 엔벨로우프 (Envelope ; 덮개, 외피)

건축가나 엔지니어들은 건물의 벽, 지붕, 바닥을 일반적으로 총칭하여 엔벨로우프라고 합니다. 건축을 잘 감상하려면 이 엔벨로우프에 대하여 어느 정도 알아둘 필요가 있습니다.

4-1 벽 (Wall)

벽은 시각적으로 프라이버시를 제공해줍니다. 그러나 커튼 역시 같은 역할을 해주기도 합니다. 벽은 내벽이냐 외벽이냐에 따라 그리고 목적한바 특정 기능의 유무에 따라 그 이상의 역할을 하기도 합니다.

40

벽은 시각을 차단하는 이상의 것이다.

41

내벽을 가구로 생각해보자. 대부분의 내벽은 움직일 수 있으며, 선반이나 수납장, 심지어는 책상까지도 매달고 있는 내벽도 있고 또 칠판, 게시판, 그리고 슬라이드 및 영화 스크린이 달린 것도 있다. 어떤 내벽은 청각적인 프라이버시를 위해 유리로 된 것도 있고, 전시 및 칸막이를 위하여 벽판을 천장에 매단 경우도 있다.

42

여러 가지 다른 기능을 다할 수 있는 여러 종류의 벽이 있지만 일반적으로는 내벽과 외벽의 2가지로 분류됩니다.

내벽 – 내벽은 경량인 것이 보통이며, 개념적으로 대부분의 내벽은 공간을 분할한 것으로서 이들은 바닥이나 지붕을 지지할 필요가 없기 때문에 경량으로 자립할 수 있는 강도만 있으면 됩니다. 내벽은 보통 시각적 · 청각적 또는 이들 모두의 프라이버시를 지키기 위해서만 존재합니다. 만약 청각적 프라이버시만을 구하는 경우라면 유리로 된 벽이 가장 효과적일 수 있습니다. 반 인치 두께의 유리판은 대부분의 표준적인 주거용 내벽보다 차음성이 좋습니다.

학교에서 벽은 수직으로 된 교육용 면으로도 사용되고, 게시판이나 칠판, 그리고 선반을 부착하는 데도 사용됩니다. 19세기의 쉐이커 교도들은 가구나 도구류를 걸어놓기 위하여 벽을 이용하기도 했습니다. 요즘도 그와 같은 일이 행해지고 있어서 서류함, 책장과 같은 가구가 벽에 걸리기도 하며 주택, 사무실, 학교, 그리고 때로는 병원에서까지도 '수납벽'을 칸막이로서 이용하고 있습니다.

내벽도 경우에 따라서는 무거워야 그 기능을 다할 수 있는데, 금고, 감옥, 모피 보관실 등의 벽이 바로 그것입니다. 또 내벽 중에는 지붕이나 위층의 바닥을 지탱해야 하고 또 하중에 견딜 수 있을 정도로 무거워야 하는 것도 있습니다.

외벽 – 외벽은 건물의 지붕을 지탱해 주는 외에도 또 다른 두 가지 기능이 있습니다. 즉 외벽의 외면은 자연의 영향으로부터 막아주며, 내면은 내벽의 역할도 합니다. 또 외벽은 실내온도를 적절히 유지하는 데 도움을 줄뿐 아니라 통행이 잦은 도로, 공항, 옥외 스포츠시설 또는 공원시설 등에 건물이 인접해 있을 때 소음을 차단하는 역할도 합니다.

독립되어 서 있는 외부의 벽은 따뜻한 햇살을 이용하기 위해 썬 포켓이나 방풍벽으로 특별히 고안될 수도 있습니다. 이들은 이른바, 벤투리 효과(Venturi effect)를 일으켜 외부의 기후를 조절하기 때문에 옥외공간을 이용하기 쉽게 합니다. 또 '압력벽(pressure wall)'은 창을 통해 시원한 바람을 불어 넣도록 조절하는 데 쓰이기도 합니다.

유리벽은 아름다운 경관을 볼 수 있도록 하고 실내가 넓게 보이도록 하거나 내부와 외부의 경계를 없애고 또 자동차 쇼룸이나 신문사 인쇄실이나 청량음료수 공장처럼 외부 사람이 내부를 들여다보도록 하며, 햇빛을 마음껏 실내에 들여보내고 정원의 경관을 방해하지 않도록 바람막이 구실을 하는 등 좋은 수단이 되고 있습니다.

43

44

45

46

바람막이 구실을 하는 이 독립벽은 학생들이 앉는 벤치도 함께 제공한다.

외벽에는 무엇에나 잘 견딜 수 있는 재료라면 어느 것이나 사용될 수 있는데, 재료에 따라서는 각기 다른 감정적 반응을 일으키기도 한다. 이 감정적 반응에 대한 시험을 해보자. 이것은 여기에 보여 주는 여섯 가지 재료에 대하여 당신이 어떻게 반응하는가를 보는 것이다. 즉 당신은 벽돌벽(44번 사진)을 보고 벽돌벽이 딱딱하게 또는 부드럽게, 약하게 또는 강하게, 영구적인 것으로 또는 가설물처럼, 따뜻하게 또는 차게, 모던하게 또는 진부하게 느껴지는가에 대하여 자신에게 반문해 보는 것이다.

다음에는 스터코벽(45번 사진)을 보고 어떻게 느꼈는지 같은 내용으로 묻고, 또 콘크리트벽(47번 사진), 철제벽(48번 사진), 석조벽(49번 사진), 그리고 마지막으로 유리벽(50번 사진)에 대하여 같은 질문을 해보자.

어느 재료의 벽에 당신은 가장 만족감을 얻을 수 있었는지?

다른 건축재료로 된 여러 건물을 실제로 보고 이와 같은 실험을 반복해 보자.

47

48

49

50

4-2 지붕 (Roof)

지붕도 엔벨로우프의 가장 중요한 요소 중의 하나입니다. 지붕은 비를 막고 내부를 따뜻하게 하는 등 여러 가지 일을 합니다.

지붕은 역사적으로 시각적 표현의 요소로서 중요한 것이었습니다. 중세 유럽에서는 대성당의 지붕이 도시의 전체 경관을 지배하였으며, 영국에서는 짚을 이은 지붕이 주택을 특징짓고 있었습니다. 17세기 프랑스에서는 이른바 망사드지붕(mansard roof)이 특징이었고, 조지아식 스트레이트 지붕이나 스페인, 멕시코의 기와지붕처럼 일본에서도 기와지붕이 온 마을에 통일성을 부여하고 있었습니다. 또 석회와 타일을 입힌 벽돌조 돔이나 둥근 천장은 10세기 중동지방의 스카이라인(skyline)을 지배하고 있었습니다. 오늘날 미국에서도 대부분의 주 의회 건물을 비롯한 많은 건물에 금빛 돔을 씌워서 그 위엄성을 나타내며, 경관을 밝게 하고 있음을 볼 수 있습니다.

1850년대에 발명된 아스팔트방수 평지붕은 그때까지의 아름답게 경사지고 곡면을 이루었던 지붕에 종지부를 찍었습니다. 건물들의 폭이 커짐에 따라 경사지붕으로는 더 이상 처리할 수 없었기 때문입니다. 시내의 한 블록에 꽉 차는 단층 건물에 경사진 지붕을 씌운 경우를 상상할 수 있습니다. 전형적인 주택의 지붕 경사 물매는 약 45도인데 같은 기울기의 지붕을 씌운다면 지붕 용마루선은 13층 높이에 이르게 될 것입니다.

51

지붕의 패턴과 텍스처는 건축적 체험을 보다 풍부하게 한다.

52

이중으로 된 지붕을 갖는 건물은 별로 많지 않다. 위 지붕은 햇빛을 막으며 두 지붕 사이의 열기는 미풍에 의하여 제거되는데, 이런 이중 지붕은 결코 새로운 것이 아니다. 이미 수 세기 전에 이미 초가집 마을에서 사용되었다.

53

1885년에 지은 지 오래된 저택은 17세기 중엽에 큰 영향력을 행사했던 건축가 프랑수아 망사드의 이름을 딴 이른바, 망사드 지붕으로 되어 있다. 그 후 2세기가 지나서 파리에서는 법적으로 6층까지 밖에 인정되지 않던 것을 망사드 지붕을 써서 7층에도 거실을 가질 수 있게 했다. 요즘에 와서 외부치장을 위한 가식적인 망사드 지붕이 선풍적으로 유행되고 있는데 그런 경우 지붕 속에는 아무런 방이 없는 것이 보통이다.

아스팔트 방수 평지붕은 확실히 아무런 매력이나 시각적인 즐거움을 가져오지 못하였고 추하기는 하지만 아직도 우리 주변에 산재해 있습니다. 이들을 해결하려는 수단으로 외벽을 지붕선 위로 연장한 이른바 파라펫(parapet) 난간벽을 세워서 가리려고 하는 건축가도 있으며, 평지붕을 망사드 지붕으로 위장하려는 디자이너도 있지만 별로 성공하지는 못했습니다. 요컨대 시각적 요소이던 지붕을 볼 수 없게 되어 건물을 보는 즐거움이 적어진 것입니다.

미이스, 르 코르뷔지에(Le Corbusier), 그로피우스(Walter Gropius), 브로이어(Marcel Breuer) 같은 건축가들은 지붕이 구성을 지배하거나 돋보이게 하는 시도를 하지 않았습니다. 그들은 건물에는 모자가 필요 없으며, 벽과 시각적으로 경합하려는 지붕이 없는 편이 오히려 전체 형태에 있어서 보다 강한 인상을 준다고 주장하였습니다.

54

미국 미시건주 그랜드래피즈에는 '지붕도 건물의 얼굴'이라고 생각하는 실례가 있다. 이 지붕은 알렉산더 칼더에 의하여 그려진 그림이다. 여기서는 주위의 건물에서 내려다 볼 수 있는 경관으로 낮은 건물의 주인들이 높은 건물의 이웃에게 시각적인 즐거움을 갖게 하는 많은 기회를 제공해 준다는데 그 의의가 있다. 낮은 건물의 주인은 건물을 소유하고, 이웃들은 경관을 소유한다고 할 수 있다.

(다음 55, 56, 57, 58번 사진) : 20세기의 기술은 우리가 생각해 낼 수 있는 어떤 모양의 지붕도 만들 수 있게 하였다. 언뜻 보면 지붕이 아닌 것처럼 보이는 것에서 비롯하여 지붕만으로 된 것처럼 보이는 것 등 실로 다양하다. 여기에 제시한 지붕은 3가지의 기본형에 지나지 않는다. 일반적으로 지붕이 벽과 같은 정도로 표현되면 구성은 약해진다. 이 시각적인 경합에서 지붕과 벽은 어느 편이든 그 한편이 우세해야 한다.

55

56

57
58

지붕은 우산에 비유되어 때로는 외벽을 보호하기도 합니다. 외벽처럼 지붕도 내부로 햇빛을 끌어들일 창을 갖기도 하며 지붕이 뜨거운 태양광선을 반사하고 있습니다.

도심지의 고층 건물에서 아래를 내려다보면 대부분의 지붕면은 보기 흉한 엘리베이터 기계실, 배기구와 설비배관더미, 압축기, 공조기, 덕트류, 냉각탑, 방화벽 등과 넓게 퍼진 우둔한 아스팔트 지붕은 폐품처리장을 방불케 합니다. 즉 시각적인 질서 같은 것은 찾아보기가 어렵습니다. 그러나 다시 생각해 보면 보다 나은 방법이 있을 수 있습니다. 기계류는 보다 더 조각적으로 아름다울 수 있다는 것입니다.

이제 건축가들은 지붕을 감추기는 힘들다는 것을 느끼기 시작했으며, 다음과 같은 전제하에 건물을 디자인하는 사람들도 나타나게 되었습니다.

지붕도 건물의 얼굴입니다. (The roof is a facade)

4-3 바닥 (Floor)

건축가들은 종종 엔벨로우프의 재료를 '옷감'에 비유합니다. 우리도 바닥을 밟고 걷는 옷감이라고 생각합시다. 그렇게 되면 당신은 재료를 대할 때 색, 무늬, 그리고 질감에 대하여 더 관심을 갖게 될 것입니다. 그리고 옷감 위를 걷는다는 생각을 하게 되면 걸어 다니는 평면에 대해서도 더 민감하게 될 것이며, 이로써 감상력을 보다 더 높일 수 있을 것입니다.

사람들은 걸어 다닐 때 자신도 모르게 밑을 보고 다니며 벽이나 천장, 그리고 지붕보다도 걷는 면을 더 의식하게 됩니다.

숙련된 건축가들은 이 점을 잘 알고 있어서 재료를 선택하고 색과 질감, 그리고 무늬를 택하는데 세심한 주의를 기울입니다.

토머스 제퍼슨(Thomas Jefferson)은 보도의 표면이나 외부 계단에 벽돌을 즐겨 써서 아직도 버지니아 대학에는 당시의 벽돌 계단이 그대로 남아 사용되고 있습니다. 옥내 및 옥외의 벽돌 바닥은 하이힐을 신은 여성이나 롤러스케이트를 타는 사람들에게 불편할 수도 있으나 대부분의 사람들은 아름답다고 생각하고 있습니다. 라이트(Frank Lloyd Wright)는 바닥재료로서 그 지방 고유의 석재를 즐겨 썼고, 미이스(Mies Van der Rohe)도 기계로 연마한 대리석이나 인조대리석을 즐겨 사용했습니다. 값싼 융단의 출현에도 불구하고 목재는 아직도 건축가나 주택소유자들에게 애용되고 있습니다.

벽돌, 대리석, 목재, 그리고 융단 위를 걸으면 각기 다른 감각적 자극이 발에서 두뇌에 전달됩니다. 그래서 융단을 깐 교실에서 규율이 잘 지켜진다고 주장하는 교사도 있으며, 공공건물의 경우 사람들이 타일이 깔린 복도에서 융단이 깔린 곳으로 들어가면서 자연스럽게 모자를 벗는다는 것이 관찰되기도

사람들은 벽돌이나 타일 위를 걷기를 좋아한다. 그들은 말하자면 오랫동안 견디어 온 견고함이나 좋은 발받침이라는 느낌을 갖기 때문이다. 벽돌조 바닥은 독특한 색깔과 함께 그 품질과 영구성 때문에 돋보이며, 그 모양과 질감 또한 눈에 와 닿는다.

59

61

바닥은 바닥으로서 어디서 끝날 것이며, 융단이 벽까지 올라 갈 때 벽과 바닥의 한계는 어디인가? 병원에서 세균에 견디고 청소하기 쉬운 경질의 재료를 벽과 바닥에 사용할 때 벽과 바닥의 한계는 어디인가? 사리넨은 순수한 조소적 형태의 구현을 위해 단일 재료의 건물을 만들려고 했는데, 뉴욕시의 TWA 터미널(p.47 사진)은 그가 목표로 한 바에 가깝다고 할 수 있다. 이 건물을 체험한 사람들은 모두 조각 작품 속을 걷고 있는 느낌을 받는다.

노이트라(Richard Neutra)는 캘리포니아주 산타바바라의 트레메인 저택(Tremaine House)에서 실내 · 외의 바닥에 같은 재료를 써서 내부와 외부의 시각적인 차이를 없애고 평면적인 효과를 강조하려고 했다. 여기서 바닥 재료인 연마 테라조를 실용적이고 미적으로 다루어 실외에도 실내의 일부라는 그의 건축적 주장을 강조하고 있다.

62

63

(62, 63번 사진) : 바닥에 단차이를 두는 것은 대부분 환영받고 있다. 왜냐하면 단조로움을 피할 수 있고, 일반적인 건물에서는 볼 수 없는 올려다보거나 내려다 볼 수 있는 변화 있는 시야를 제공한다.

(64번 사진) : 언제 벽이 창이 될 수 있고, 창이 벽이 될 수 있는가? 좋은 경관을 보기 원할 때는 유리벽이나 큰 유리창이 필요한데, 무엇이라 하든지 간에 그때 가장 먼저 고려해야 할 것은 경관을 바라본다는 것이고, 어느 것이든 그 조건을 만족시켜 줄 것이다. 다음에 고려해야 할 것은 기후문제이다. 이 집의 경우 동북쪽에 면해 있는 관계로 태양은 문제가 안 되며, 그늘을 만들어주는 나무도 많고 겨울의 차가운 북풍도 없다. 그러나 이 집을 다른 지역에 둔다고 가정하면, 유리벽은 비논리적이 되고 만다. 요컨대 이 집은 있어야 할 곳에 있음으로써 비로소 의미를 갖게 된다.

했는데 그것은 아마도 융단의 흡음효과에 연유한 것이 아닌가 생각됩니다. 1950년대의 학교건설 붐 때 바닥 전체를 융단으로 깐다는 것은 사치스러운 것으로 취급되어 건축가들은 융단을 융단이라고 하지 못하고 '흡음 바닥재'라고 불렀다는 것은 재미있는 일입니다.

바닥은 채광이나 조명에 도움이 되는 경우도 있고, 때로는 눈부심 현상을 일으키기도 합니다. 바닥은 또한 소리를 잘 들리게 하기도 하고 방해되기도 합니다. 경사진 바닥은 시선을 좋게 할 수 있으며, 경사진 땅에 경제적으로 건물을 설계하기 위해 바닥높이를 달리하여 단을 지어 바닥을 설치하기도 합니다.

64

많은 사람들은 바닥 레벨의 변화를 좋아하여 바닥에 단차가 있는 주택이나 레스토랑을 원하고, 심지어 단차가 있는 교실까지도 사람들을 매혹시킵니다. 즉 지형에 따라 지은 건물을 좋아하는 것 같습니다. 언젠가 처음으로 어떤 건물에 들어가는 기회가 있으면 자신의 반응에 주의해 보십시오. 제일 먼저 바닥에 눈이 갔는지, 바닥은 좋은 느낌을 주었는지, 바닥에 단차가 있었는지, 단차에 의해서 생기는 분위기가 좋게 느껴졌는지를 알아 보십시오.

발코니, 테라스, 광장 보도와 같은 외부 공간의 바닥면도 재료의 면에서 건축적 체험에 크게 기여하고 있습니다. 요컨대 내부나 외부나 중요한 것은 우리가 걸어 다니는 평면입니다.

65

4-4 창 (Window)

모든 엔벨로우프에는 창이 있습니다. 그러나 아무리 단순한 창이라고 해도 당연한 것으로 쉽게 생각하지 마십시오. 창이야 말로 대단한 발명에 속하며, 창은 단지 엔벨로우프의 눈만이 아닌 그 이상의 것이기 때문입니다. 건축가들은 '창나누기(fenestration)'와 '창(window)'이란 단어를 함께 사용하고 있지만, '창나누기'란 창들의 디자인, 배치, 비례 등을 뜻합니다.

66

창은 3개의 기본적인 기능을 갖고 있는데, (1) 자연광선을 들여보내고, (2) 공기를 유통시키며, (3) 밖을 내다 볼 수 있게 하는 것 등입니다.

67

창은 3개의 기본적인 역할을 갖고 있다. 즉 채광(65번 사진), 환기(66번 사진), 조망(67번 사진) 등이다. 대부분의 창은 이들 3가지를 모두 만족시키려고 하고 있으나 성공하지 못하고 있으며, 때로는 지나치게 절충한 것이 많다. 여기에 제시한 전문화된 창이 오히려 그 기능을 더 잘하고 있다.

여닫이창, 미세기창, 들창, 회전창, 루버창, 그리고 오르내리기창 등 보통 흔히 볼 수 있는 창들로 위의 3가지 기능을 모두 할 수 있도록 설계되어 있습니다.

그러나 어떤 것은 단 한 가지의 기능만을 위해 설계된 것도 있는데, 고창이나 톱니처럼 생긴 창, 그리고 수평의 천장 등의 주요한 기능은 빛을 하늘로부터 받으려는 것뿐입니다.

창 가운데는 건물 안으로 공기를 끌어들이기 위한 '풍창'으로서만 기능을 하도록 설계된 창도 있습니다. 미국 인디언 부족의 천막 정상부는 효율적인 배기구로서의 풍창이며, 17세기에 세워진 이슬람 주택의 말카프(malkaf)는 지붕에서 바람을 모아 깊은 내부공간으로 보내는 훌륭한 장치입니다.

공기조화장치가 사용되기 이전인 1950년대 미국에서는 건축가들이 바람을 이용하려는 여러 방법을 연구하였는데 통풍조절기를 써서 약한 바람을 바닥 부근의 이른바 거주영역에 보내거나, 루버를 써서 강한 바람이 사람의 머리에 직접 닿지 않도록 하거나 또는 내부 칸막이벽에 개구부를 내어 약한 바람을 한 방에서 다른 방으로 흐르도록 하였습니다. 이와 같은 칸막이에는 밖으로부터의 소음을 차단하는 경우도 있었습니다. 이 약한 바람만을 통하게 하는

68

모든 창은 적어도 한 가지 기능은 갖고 있어야 한다.

69

유리 없는 창은 특히 고온다습한 지역에서 쾌적한 실내기후를 유지하는 데 큰 역할을 하였습니다.

또 미국의 주택업자들이 '픽처윈도(picture window)'라고 이름 지은 조망을 목적으로 한 창도 있습니다. 그 창이 가로에 면하여 설치된 경우 거리가 픽처(그림)인지 안에 사는 사람이 그림인지 늘 의문을 갖게 합니다. 유감스럽게도 일방 투시유리가 아니면 쌍방이 모두 구경거리가 되며, 일방 투시유리를 설치했더라도 야간에는 반대로 건물 안에 사는 사람이 오히려 구경거리가 되고 맙니다.

조망을 목적으로 하는 창의 경우 발이나 격자와 같은 해 가리개가 없는 창이 가장 좋을 것입니다. 과연 누가 격자창을 통해 조망을 즐기려고 하겠는가! 그리고 조망을 목적으로 하는 경우에는 환기에 대한 요구조건을 어떤 방법으로든 해결해야 할 것입니다.

만약에 즐거운 경험을 얻으려면 창이 줄지어 서 있는 것을 음악적 표현으로 보도록 하십시오. 상상력을 약간 동원하면 1 – 1 – 1이라는 1박자의 리듬, 1 – 2, 1 – 2라는 2박자의 리듬, 3박자의 왈츠나 4박자의 리듬도 발견할 수 있을 것이며, 띠처럼 연속된 창에서는 일정의 음표가 계속 되고 있는 것을 볼 수 있을 것입니다. 더 관심을 가지고 들여다보면 음악에서의 싱커페이션(syncopation), 즉 절분법 같은 것이 있음을 알 수 있습니다. 예를 들면 앞에서 설명한 하버드대학의 라슨 홀(Larsen hall)은 확실히 싱커페이션적 효과를 갖고 있습니다.

그리고 창의 역할을 잘 알게 되면 창을 보다 더 잘 감상할 수 있을 것입니다. 건물이나 건물의 각 요소들은 그대로 거기에 있을 수만은 없으며, 그 기능을 다해야 되는 것입니다.

창에서의 리듬감

70

71

72

1950년대에 건축가들은 소위 '리본 윈도(띠창)'를 발견한 것처럼 보이지만 실은 훨씬 그 이전부터 라이트나 르 코르뷔지에에 의하여 이미 사용되었고, 다만, 미국에서는 1950년대에 와서야 널리 퍼진 것이다(70번 사진). 그 당시 벽에 구멍 뚫듯이 설계된 창은 금기시되었으며, 몇 년 후 띠창은 문자 그대로 온 벽을 다 덮어버려서 벽 전체가 유리로 된 '윈도 월(창벽)'의 시대에 이르게 되었다(71번 사진). 이것도 미이스는 이미 1930년대 이전부터 사용하고 있었던 것이 이때에야 비로소 만연된 것이다. 1960년대에는 생활양식이나 기술혁신 보다는 지금까지의 양식에 싫증난 건축가들이 다시 벽에 구멍 뚫은 창을 재발견하여 약 10년간 계속되었으며(72번 사진), 별난 건축가들이 띠창을 재발견하기에 이르렀다(73번 사진).

73

74

75

76

77

창은 외벽만을 위한 것은 아니다. 창은 위대한 발명이기 때문에 건축가들은 이점을 이해하여 내부에서도 쓰기로 한 것이다. 창은 동적인 공간을 만들고 갇혀진 느낌을 없애줄 뿐만 아니라 여러 층으로 된 건물에서는 올려보거나 내려다보는 즐거움도 제공해준다.

이 책에서는 '공간과 형태'라는 표현을 여러 번 읽게 되는 데 이때 항상 '공간'이란 말을 먼저 쓰는 것에 유의해야 할 것이다. 요즘에 와서 건축가들은 '공간'을 최우선으로 여기게 되었기 때문이다. 50년 전만 하더라도 가장 큰 관심은 '형태'였으며, 그것도 일반적으로 파사드(facade), 즉 건물의 정면 부분이었으나 요즈음 건축가들은 디자인을 통하여 흥미 있는 공간적 효과를 창조하려고 노력한다. 형태가 공간 다음에 쓰이는 것은 형태가 공간을 규정하기 때문이며, 이것만으로도 충분한 이유가 되고 남는다.

건축가들은 연구를 통해서보다는 경험에 의하여 바닥이 세포와 같은 작은 방 이상으로 사회적인 구분이나 고립을 길러준다는 것을 알고 있었다. 그래서 그들은 건물의 내부를 수평적으로 뿐만 아니라 수직적으로도 띄어 놓아 벽이나 바닥을 대대적으로 제거하고 유리를 넣은(때로는 유리도 없이) 창을 건물 내에 만들기도 했다. 이러한 건물들은 사회적 교류를 강화시킬 수 있었고, 마치 달걀상자와 같은 칸막이를 적게 사용할 수 있었다. 건축주에게 별도의 부담을 주지 않고도 쾌적한 환경을 이룰 수 있어서 바람직한 것으로 생각된다.

이에 대한 이점은 또 있었다. 에너지 위기 때문에 외벽의 창을 최소한으로 줄일 수밖에 없게 됨으로써 외부로의 조망은 줄어들고 쾌적함 또한 줄어들어서 건축가들은 외부에 대한 조망 못지않은 흥미 있는 옥내 조망을 만들어야 했었고, 그들은 여기에서 보여주는 몇 장의 사진처럼 해냈다. 어떤 건축가의 말대로 "외벽에서 창을 떼어 내어 옥내에 설치"한 것이다.

4-5 건축의 구조 (Structure)

바닥, 지붕, 그리고 벽체를 지지하는 것이 바로 구조입니다. 그러나 건물을 충분히 감상하기 위해서는 구조기술을 얼마나 알고 있어야 할까요? 물론, 건물의 설계단계에서 중요한 역할을 하고 있는 구조기술자, 기계기술자, 전기기술자, 토목기술자들처럼 알고 있을 필요는 없습니다. 즉 기술자들에게는 매력 있는 것으로 여겨지는 일이라 하더라도 일반적인 비전문가가 기둥이나 보의 인장력, 압축력, 열의 흐름이나 공기의 공급, 전기의 배선이나 과부하, 그리고 배수와 하수처리 등에 대하여 상세히 알고자 한다면 어리석은 일일 것입니다.

이제는 건축구조에 대한 가장 기본적인 것에 대해 자세히 알아봅시다. 건축의 구조는 노출되어 있어서 눈으로 볼 수 있는 경우가 많으므로 구조에 대한 약간의 지식을 갖는다는 것은 바람직한 일입니다. 그리고 다음의 간단한 구조의 역사는 도움이 될 것입니다.

구조체는 공간에 걸쳐집니다. 고대 이집트인들은 커다란 돌을 사용했는데(A), 이것을 보의 시초라고 할 수 있습니다. 그러나 보를 걸쳐 놓는 넓이는 구하기 쉽고 반입이 가능한 돌의 크기에 제한을 받았습니다. 그 후 수 세기를 지나면서는 작은 돌을 이어쌓아 큰 공간을 걸치게 하는 방법이 고안되었습니다(B). 이것이 아치의 발명이며, 볼트나 돔이라는 둥근 천장 발명의 계기가 된 것입니다. 아치를 쌓는 기술은 위대한 고딕교회가 한창인 시대에 그 절정에 달했습니다. 이와 비슷한 시대에 짧은 재목을 삼각형으로 짜서 연결하면 더 넓은 공간에 걸칠 수 있는 것을 발견했는데(C), 이것이 바로 트러스의 발명입니다. 보다 더 넓은 공간에 구조체를 덮으려는 노력은 금세기까지 계속 이어져 구조기술자들은 강철 케이블을 늘어뜨려 만든

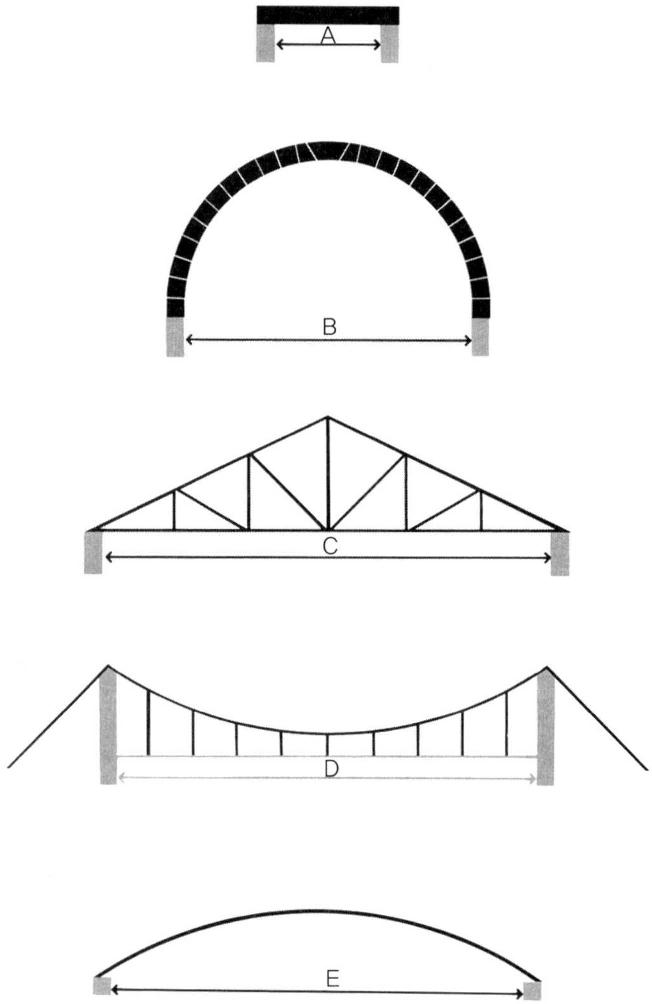

78

현수구조가 건물에 성공적으로 응용된 예 중의 하나는 에로 사리넨(Eero Saarinen)에 의하여 설계된 코네티컷주 뉴헤븐의 예일대학 아이스하키장이다(78번 사진). 공학적인 해결과 예술적인 설계로 이룩된 이 건물은 비록 체육관이라 하더라도 크고 아름다울 수 있다는 확증을 보여주고 있다. 구조의 논리가 건물의 아름다움을 한층 더 높여준 것이다. 최근의 현수구조 예로는 한때 사리넨의 사무실에서 일한 적이 있는 군너 버커즈(G. Brikerts)에 의하여 설계된 미네아폴리스 연방은행이 있는데(79번 사진), 아래층 부분이 케이블에 매달린 형식으로서 주 케이블이 표현되어 흥미 있는 전면을 이루었다.

역사적으로 볼 때 건축가들을 늘 새로운 가구방식에 의하여 영감을 얻어왔으며, 그것이 고도로 발달해 가는 기술에 매료되어 온 까닭이기도 하다. 건축가들은 두 개의 세계가 겹쳐지는 곳, 즉 과학 및 기술이 예술이나 인문과학과 중첩되는 곳에서 활동하고 있는 것이다.

79

구조체를 완성하기에 이르렀습니다(D). 금세기 고도의 기술을 대표하는 미국 샌프란시스코의 골든게이트 브리지와 같은 현수구조가 바로 그것입니다. 이제 현수구조로 된 건물도 세워졌고, 아마 다음 단계는 도시 전체에 구조체를 씌우는 일이 아닐까 하는 생각이 듭니다. 가장 최근의 새로운 발전은 공간을 캡슐 안에 넣으려는 시도일 것이며(E), 공기막구조(에어 스트럭처)는 대공간을 경제적으로 덮을 수 있습니다. 즉 풍선처럼 공기의 압력으로 지붕을 지지한다는 것입니다.

80

81

(80, 81번 사진) : 텍사스주 라그란제의 세인트 제임스 성공회교회(St. James Episcopal Church ; 1885)와 캘리포니아주 버클리의 크리스티안 사이언스교회(the Christian Science Church ; 1910)의 두 오랜 교회건물은 각기 독특한 방법으로 구조체를 강조하고 있다. 둘 다 아름답고, 무엇인가를 말하려 하고 있다. 한쪽은 강하고 간결하게, 또 한쪽은 풍부하고 화사하게 그 구조를 각각 말하고 있다고 할 수 있다.

기술은 형태에 대한 구조적인 논리를 세워줍니다.

건축가들은 구조설계면에서 분석적이기 보다는 더 직감적이어서 혁신적인 구조를 선호하고 곧바로 받아들이려 합니다. 다행히도 건축가들에게는 그들을 뒷받침하는 구조전문가들이 있어서 협력하고 있지만 옛날에는 늘 그렇지도 못했으며, 100년 전까지만 해도 확실한 이론이라는 것이 없었습니다. 이집트인의 지혜는 사라졌고, 로마인들은 그리스인들 지식의 아주 적은 부분만 계승했으며, 르네상스 건축가들은 고딕의 지식에 관련된 아무것도 원치 않았고 실제로 고딕의 지식은 순수한 고전적 규범에 해가 될 수도 있었습니다. 또 빅토리아시대의 사람들은 이치도 모르면서 그저 모방만 하고 있었습니다. 다만, 근대 건축가들의 시대에 들어와서 비로소 과학적인 방법을 써서 구조의 연구를 하게 되었으며, 요즈음의 구조설계는 정확한 역학적 계산에 바탕을 두고 있습니다.

새로운 이론, 새로운 재료로부터 새로운 형태가 이룩됩니다.

최근 구조의 발전 가운데서 가장 기대되는 것은 공기의 압력으로 지붕을 지지하려는 아이디어에 의한 것입니다. 처음에는 소위 '벌룬(balloon)구조'가 미국의 목구조 공법에 혁명을 가져오면서 1840년경에는 공장에서 가공된 재목과 기계로 만든 못이 출현하여 전혀 새로운 공법으로 각광을 받았는데, 지금에 와서는 같은 이름의 '벌룬구조(ballon structure, 공기막구조)'가 건축계에 혁명을 일으킬 수도 있습니다.

수년 전만 하더라도 공기압에 의한 구조는 토마토 가공 공장이나 뒤뜰의 작은 풀(pool)을 덮는 이외에는 하등의 가치가 없는 것으로 보고 있었습니다.

공간을 캡슐 안에 넣는다는 것이 신중히 검토된 것은 1946으로서 윌리엄 턴트케(Willian Tuntke)라는 건축가가 세인트루이스에 야외 오페라를 위하여 공기압에 의한 구조체를 제안했으나 결국 실현을 하지는 못했습니다. 대부분의 새로운 아이디어가 그렇듯이 그것이 실제로 구체적인 형태로 나타낼 수 있을 때까지는 여러 해가 걸렸습니다. 그러나 1970년 일본의 오사카에서 엑스포70이 열렸을 때 여러 혁신적인 '벌룬구조'의 구조물들이 세워졌습니다. 그 중에서도 미국관은 가장 뛰어난 것으로서, 미국 디자이너들은 최소한의 예산으로 최대의 내용과 독창성을 발휘함으로써 매우 인상적인 구조를 만들어냈습니다.

1970년 8월호의 피에이 건축잡지(Progressive Architecture)는 다음과 같이 예언하고 있었습니다. "1850년대에 영국의 수정궁이 빅토리아시대의 사람들에게 새로운 공법의 가능성에 대하여 눈을 뜨게 한 것과 마찬가지로, 공기압으로 지지된 최대 최경량의 기둥이 없는 공간을 갖춘 건물(미국관)은 1970년대 건설기술의 가장 중요한 발전임을 증명하게 될 것이다."라고 했던 이 예언은 적중했습니다.

공기압으로 지지된 최초의 상설 구조체의 하나로 손꼽히는 것은 CRS의 설계로 엑스포70 5년 후에 캘리포니아주 산타클라라대학에 세워진 토머스 A 리비 활동센터입니다. 2.5에이커의 면적을 씌운 천막천 모양의 지붕은 불화에틸렌의 피막을 입힌 유리섬유로 되어 있습니다. 1제곱피트당 5파운드의 기압만을 가지고 풍선모양으로 부풀릴 수 있는 것입니다.

이 새로운 환경에서 수목을 키우고 있는 산타클라라대학의 공기압 구조체는 그 안에 건물과 공원이 함께 들어서 있습니다. 이 건물을 보기 위해 미국 각지에서 온 사람들은 그 분위기에 놀라 "실로 묘한 기분이어서 내가 옥내에 있는지조차 얘기할 수 없군요"라고 말하기도 합니다. 이것이야말로 건축가들에게 흥미를 갖게 하는 이른바 새로운 질의 공간이라 할 수 있습니다.

이 밖에도 많은 흥미로운 구조상의 발전이 가까운 장래에 선보일 것이며, 새롭고 경제적이며 효율적인 형태에 대한 기대를 갖고 목재, 철재, 콘크리트, 유리, 플라스틱 등에 관한 중요한 연구들이 계속되고 있는 것입니다.

(82번 사진) : 1970년 일본 오사카에서 열린 엑스포70에서 가장 뛰어난 건물들 중의 하나는 미국관이었다. 이 사진이 보여주듯이 그것은 건물처럼 느껴지지 않는 건물이었으나 그 건물의 내부에 들어가 보면 새롭고 독특한 대공간이 전개되고 있음을 알 수 있었다.

(83번 사진) : 진보된 과학기술은 건축가들에게 아주 새로운 구조형식, 즉 에어 스트럭처(air structure)를 가능케 했다. 이 공기막구조는 무한의 가능성을 갖고 있어서 구조체가 클수록 효율적이다. 건물이나 공원을 하나의 기포 속에 넣을 수 있다면 하나의 도시 전체도 하나의 기포 속에 넣을 수 있다는 얘기이다. 여러 해 전에 벅민스터 풀러(Buckminster Fuller)가 그의 지오데스식 돔(geodesic dome)으로 이러한 가능성을 예언했는데, 이 에어 스트럭처가 실제로 하나의 도시를 덮는 최초의 구조물이 될 수도 있다. 그러나 그때 가서 과연 우리가 지금 알고 있는 것과 같은 건물이 존재할 것인지 또한 알 수 없다.

82

83

4-6 건축 재료 (Materials)

엔벨로우프는 어떤 종류의 재료로도 만들 수 있습니다. 벽돌, 석재, 콘크리트, 목재, 유리, 철재, 플라스틱 등 얼마든지 나열할 수 있으며, 건축가들은 오히려 재료의 종류가 너무 많다고 불평을 해왔다는 것은 잘 알려진 얘기입니다. 그러나 재료의 선택에는 일정한 법칙이 있습니다.

즉, 목재는 목재이어야 하고, 대용판재 위에 목재 사진을 붙인 것은 결코 목재가 아니다.

벽돌은 벽돌이어야 하고, 벽돌처럼 보이는 벽지를 붙인 것은 결코 벽돌이 아니다.

석재는 석재이어야 하고, 석재처럼 보이는 스터코는 결코 석재라고 할 수 없다.

콘크리트는 콘크리트로서 아무리 비슷하게 만들었어도 결코 벽돌이나 석재가 될 수 없다.

어떤 재료라도 구조와 질감에 관계된 독자적인 특질을 갖고 있기 때문입니다.

벽지나 스터코나 사진 붙인 판재가 나쁘다는 것은 아닙니다. 적절히만 사용한다면 참으로 좋은 재료라고 할 수 있습니다. 그러나 감추려 하지 않아야 합니다. 정직함과 적당한 내구성이 있어야 합니다. 사람과 마찬가지로 건물에도 성실하는 것이 필요하며, 진짜처럼 보이게 하려는 무대장치와는 다른 것입니다. 예를 들어 조지 워싱턴의 주택이었던 마운트 버논(Mount Vernon)의 경우처럼 목조건물이 석조건물처럼 보여서는 안 됩니다. 워싱턴도 이런 점을 알고 있었던 것 같습니다.

재질이나 색, 형태 등의 경우에 있어서 목재는 따스하다든가, 철재는 차다, 대리석은 너무 격식을 따른다, 거친 돌은 격식이 덜하다, 쪽널 지붕은 아늑하다, 철판지붕은 공공 건물지붕 같다든가 하는 일반적인 상식에 따를 필요는 없습니다. 또 적색과 황색은 따스한 색이며, 청색이나 녹색이 차가운 색이라고 말하는 것은 반드시 옳지만은 않으며, 곡선적인 철재의 형태가 부드럽게 보인다고 걱정할 필요도 없습니다. 각자가 독자적인 판단에 의해야 될 것입니다.

요즘은 건축가들과 평론가들 사이에서는 르 코르뷔지에, 미이스, 라이트, 그로피우스 등과 같은 근대 건축운동의 거장들을 헐뜯는 일이 하나의 큰 즐거움처럼 되어 있는데, 이는 마치 모기가 코끼리를 물고 있는 것과 같은 일입니다. 그들은 "소위 거장이란 사람들은 지나치게 결벽하고, 그들이 설계한 건물들은 너무 차갑지요"라고 말하지만, 과연 누가 올바른 결론을 내릴까요? 미이스의 지지자들은 그가 설계한 철재와 유리, 벽돌로 된 집을 결코 차갑게 느끼지 않을 뿐더러 오히려 생기가 넘쳐서 따스하다고 느낄 정도랍니다.

따스하다든가 차다든가 하는 것은 도대체 무엇일까? 애리조나주 투산에 있는 피마대학(Pima University)을 설계한 건축가들은 주위의 사막과 같은 색이나 질감을 건물에 나타내고자 하는 생각이 강했습니다. 그래서 그들은 자갈과 모래의 크기 및 색을 심혈을 기울여 상세하게 지정하여 콘크리트가 사막의 질감이나 따스한 색상에 어울리도록 하였습니다. 그 결과는 만족스러워서 자연석과 같아 보이는 따스한 느낌의 콘크리트를 매우 좋아하게 되었습니다. 그러나 유감스럽게도 기능상, 그리고 경제적인 이유 때문에 찬 느낌을 주는 철제 벽판을 몇 군데 외부에 면한 복도에 사용할 수밖에 없었습니다. 개교 2년 후 건축가들이 학생들을 대상으로 학교시설에 대한 생각을 알아보기 위하여 앙케트 조사를 실시한 결과, 놀랍게도 학생들은 콘크리트를 차게, 그리고 철제 벽판을 따스하게 느끼고 있음을 알게 되었습니다. 학생들은 자동차에 대한 높은 가치를 인정한 탓인지 '디트로이트적 미의식'이 발달된 것으로 생각됩니다.

재료는 각각 고유의 특성을 갖고 있습니다.

건축가들은 이 특성을 이해하지 않으면 안 됩니다. 예를 들면 벽돌은 압축에 강하고 인장에 약합니다. 따라서 벽돌은 내력벽이나 기둥, 그리고 아치에는 적합하지만 보에는 전혀 쓸 수가 없습니다. 철근콘크리트

84

벽돌집은 벽돌 본래의 특성을 갖고 벽돌처럼 보여야 한다. 콘크리트 집은 콘크리트처럼 보여야 하고, 마찬가지로 목조집은 목재의 특성을 잘 나타내야 한다.

는 압축, 인장, 그리고 휨에는 강하지만 벽돌이 갖는 고유의 색이나 좋은 질감을 갖고 있지는 않습니다. 벽돌과 콘크리트는 물을 흡수하는 경향이 있기 때문에 지붕에는 좋지 않고, 쪽널로 된 싱글(shingle) 지붕이 빗물을 막는 데는 뛰어나 오히려 좋은 지붕을 만들 수 있을 것이고, 벽도 마찬가지입니다.

건축가들 중에는 싱글이 단정하지 못하고 촌스럽게 느껴져서 오히려 공업화된 느낌을 주는 재료를 선호하는 사람도 있으며, 벽돌은 너무 고풍스럽고 값이 비싸다고 생각하는 사람도 있습니다. 30cm 두께의 벽은 1제곱피트당 20개의 벽돌이 필요하고 벽돌 하나하나가, 비싼 임금을 받는 조적공에 의하여 쌓여지기 때문에 비용 문제가 야기되는 것입니다. 벽돌이나 콘크리트, 싱글은 모두 좋은 재료로서 적절하게만 사용된다면, 즉 재료의 특성에 맞게 사용된다면 경제적일 수 있습니다. 이러한 점은 어느 재료에나 적용되는 것입니다. 재료는 어느 것이나 서로 경쟁적으로 건축의 팔레트 위에 올려져 있는 격입니다. 그러나 그 중에는 철저하게 한 가지 재료를 특히 많이 사용하는 건축가들도 있는데, 이것은 그 사람들의 미의식, 지리적 조건, 경제적 여건, 그리고 기능공의 확보 가능성 등의 여러 문제를 고려하여 그렇게 되는 경우가 많습니다.

4-7 결합부 (Connections)

대부분의 커다란 엔벨로우프에는 많은 결합부가 있으며, 이들을 '디테일'이라고 부릅니다. 디자인이 잘 되고 못되고는 벽과 바닥이 어떻게 연결되었는가, 천장과 벽은 서로 어떻게 접해 있는가, 개구부는 벽면에 어떻게 설치되어 있는가! 등과 같은 '디테일'에 건축가들이 어느 정도 관심을 갖고 처리하느냐에 달렸다고 할 수 있습니다. 미이스는 "디테일 가운데 하느님이 도사리고 있다"고 말하며 작은 결합부에까지 그가 쏟은 배려와 애정을 표현하고 있습니다.

훌륭한 건물에는 훌륭한 '디테일'이 있습니다.

숙련된 디자이너라면 그들이 평면도를 구상하며 고심하는 정도의 배려를 작은 창문 하나를 구상하는 데도 쏟습니다. 그들은 깨끗한(간결한) 결합부를 원하기 때문입니다.

어떤 디테일은 천진스럽다고 할 정도로 단순하게 처리하는 것도 있습니다. 그러나 겉보기에 경제적인 것처럼 보이는 단순한 디테일이 천박한 결합부를 장식으로 덮는 것보다 값이 더 비싼 경우를 종종 보게 됩니다. 설계실에서 근무하는 팀들이 흔히 쓰는 '제로 디테일'이란, 예를 들면 유리가 틀 없이 바로 콘크리트, 벽돌 또는 목재에 접합되도록 하는 것을 말합니다. '제로 디테일'은 내부의 벽이 옥외로 연장된 그런 경우에 순수한 평면적 효과를 얻기 위해서는 매우 중요합니다.

르네상스시대의 건축가들은 벽의 처리는 물론이고 벽과 천장, 벽과 바닥이 접하는 부분의 몰딩처리에 많은 배려를 했습니다. 현대의 건축가들과는 달라서 그들은 간결함은 너무 밋밋하다고 여기고 좋아하지 않았습니다. 그들은 수직 · 수평 전환의 미묘한 뉘앙스를 즐겼던 것 같습니다. 몰딩을 장식적 형태로 사용하는 것이 당시의 스타일이었으며, 그들이 설계한 건물에는 풍부하고 세련된 일관성이 있었습니다. 옥내의 바닥과 벽이 접하는 곳의 몰딩 모양은 외벽과 땅이 접하는 기단부 몰딩의 축소판이었을 정도입니다.

현대의 우아한 건물에서도 전체에서 디테일에 이르기까지의 일관성을 볼 수 있으며, 디테일은 건물의 형태와 조화를 잘 이루고 있습니다. 예를 들면 평면적 형태의 건물은 평면적 디테일을 갖고 있는 것입니다. 건물을 감상할 때 건물의 디테일을 주의 깊게 관찰해보면 결합부가 훌륭하게 처리된 것이 있음을 알게 될 것입니다. 의식을 하고 보든 무의식중에 보든 그 결합부들은 아마 건물이 지면과 접하는 부분이거나 하늘에 접하는 부분일 것입니다. 하늘을 배경으로 한 실루엣을 잠깐 쳐다보는 것으로도 건물 전체 형태의 성격을 파악할 수 있습니다.

여러 개의 훌륭한 초고층 건물을 설계한 바 있는 스키드모어 오잉스 메릴(SOM) 사무소의 천부적인 재능은 지면과의 결합부에서 유감없이 발휘되고 있습니다. 5층 이상의 부분에서는 SOM이 설계한 건물도 다른 건물들과 다를 바 없지만 차이는 건물을 대지상에 배치하는 방법에서 혁신적이고, 세련된 면모를 보인다는 것입니다.

지면과 접하는 결합부의 문제는 평탄한 대지에서도 힘듭니다. 혹시 부드러운 잔디밭에 기울어져 가라앉거나 또는 가라앉은 것처럼 보이는 그런 주택을 본 적이 있습니까? 또는 새둥지처럼 덤불 속에 세워진 집을 본 적이 있습니까? 오늘 당장에라도 집에 돌아가는 길에 지면과 건물이 접하고 있는 접합부를 주의 깊게 살펴봅시다. 신중하게 설계되었더라도 기단부가 없는 건물은 가라앉아 보일 것입니다. 그래서 기단이나 작은 단이 많이 쓰이는 것입니다. 건물은 올라앉을 어떤 단이 필요합니다.

지면과의 결합부

하늘과의 결합부

르 코르뷔지에의 건물들 중 많은 건물은 일부러 지면 위에 떠 있는 모양으로 설계되었습니다. 르 코르뷔지에의 건물에서는 지면과 접하는 부분에 결합성이 부족합니다.

라이트는 대지와 건물의 격리에 대하여 전혀 다른 생각을 갖고 있어서 건물과 대지는 일체가 되어야 하며, 문자 그대로 건물은 물리적으로 지면에서 솟아나오는 그런 것이 되어야 한다고 주장하였습니다.

르 코르뷔지에나 라이트 모두 지면과의 아름다운 결합부를 훌륭하게 디자인한 것입니다. 중요한 것은 무엇을 결합시킬 것인가가 아니라 어떻게 결합시킬 것인가 하는 점입니다.

결합부를 잘 연구하면 건물에 대해서 많은 것을 배우게 될 것입니다.

몰딩은 서투른 결합부를 가리기 위하여 사용되는 경우가 많다. 건축가들은 몰딩을 사용함으로써 보기 흉한 결합부를 만들기 보다는 몰딩이 없는 '간결하고 깨끗한' 결합부를 만들려고 한다.

프랭크 로이드 라이트는 몰딩을 보이지 않고 유리를 석재, 벽돌, 콘크리트 등에 설치하는 기법을 썼는데, 이것은 평면적 효과를 최대한으로 얻으려는 훌륭한 방법이라고 할 수 있다. 이 사진은 몰딩을 사용치 않고 유리를 콘크리트에 결합시키는 '제로 디테일'의 한 예이다. 조명의 상태에 따라서 내부에 있는지 외부에 있는지 알 수 없게 느껴진다.

88

89

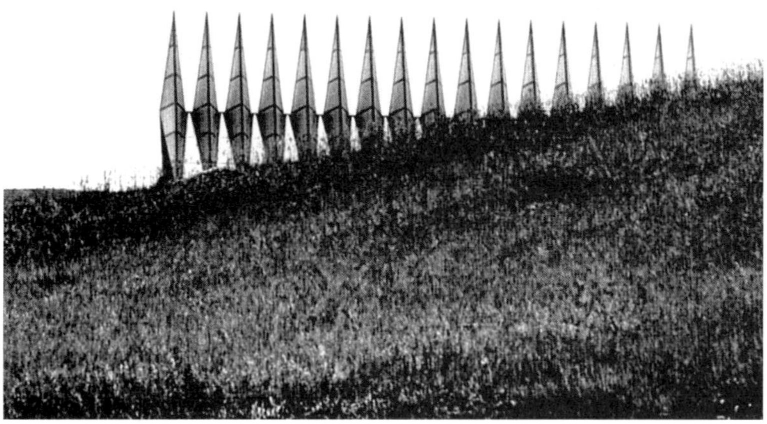

하늘과의 접합부는 건물과 하늘의 이음매 또는 하늘을 배경으로 한 건물의 윤곽이라고 할 수 있으며, 하늘과의 접합부에서 건물은 뚜렷해진다. 어떻게 하면 건물을 뚜렷하게 돋보이게 할 수 있는가 하는 것은 건축가들 사이에의 끊임없는 논쟁의 대상이 되어왔다. 어떤 건축가들은 엘리베이터 기계실, 환기통, 에어컨, 기계실, 비상계단출구 등 지저분한 것들을 감추기 위하여 높은 파라펫벽과 같은 딱 끊어진 선으로 처리하기를 주장하고, 어떤 사람들은 이들 잡다한 것들을 명확하게 표현해야 한다고 논쟁을 벌이며, '최상층은 보로니아 쏘시지를 자르듯이 잘라버리면 안 된다.'고 말하고 있다. 또 어떤 사람들은 주 의사당처럼 둥근 지붕, 즉 모자를 씌워야 한다고 주장하기도 한다. 어떻든 간에 하늘과의 결합부는 다른 어느 것 보다도 건물의 성격을 가장 명백히 하는 것이다. 그리고 도심지에 나갔을 때 건물과 하늘과의 결합부를 눈여겨보고 어느 것이 가장 마음에 드는지, 왜 마음에 드는지를 생각해보도록 하자.

90

91

92

93

건물과 지면이 만나는 결합부는 다른 어느 것보다도 건축가의 디자인 능력을 말해 준다. 라이트는 주택을 문자 그대로 지면으로부터 자라나는 것처럼 하는 천재였으며, 르 코르뷔지에는 건물을 기둥 위에 들어 올려 건물이 대지로부터 분리되도록 하였다. SOM은 건물을 물 위에 앉히거나 기단 위에 앉히는 등 변화 있는 기법을 썼다. 문제는 어떤 종류의 결합부를 지면에 만드느냐 하는 것보다 어떻게 잘 처리하느냐 하는 것이다. 여기에 예로서 보여주는 사진의 건물들은 지면과의 결합부가 훌륭하게 처리된 것이다.

94

95

96

97

98

(70~73페이지) : 훌륭한 건물은 좋은 디테일, 즉 세부 상세를 갖고 있다. 건물의 전체 윤곽이나 공간을 감상하는 즐거움만큼이나 건물의 디테일을 감상하여 즐거움을 갖게 되는 경우도 있다. 여기서 보여주는 사진에서 건물의 디테일을 자세히 보면, 모든 건물들이 우리의 눈과 마음을 즐겁게 해주는 세련된 부분을 갖고 있음을 알게 된다.

99

100

101

102

103

104

105

5. 양식 (Style)

학자들은 흔히 역사를 통해 형태의 기원을 찾는 일에 열중하지만, 건축가들은 대체로 역사적인 여러 양식을 의식적으로 그대로 모방하려고 하지는 않습니다. 그러나 건축가들 중에는 다른 건축가의 형태를 그대로 모방하려는 건축가도 있어서 라이트, 미이스, 르 코르뷔지에, 카안 등 같은 건축가들의 개성과 스타일을 닮은 것들이 있으나 그 결과는 한심합니다. 그리고 에로 사리넨(Eero Sarrinen)은 매우 다재다능한 사람이었기 때문에 그의 작품을 모방하기란 어려웠던 것 같습니다. 재능이 없는 건축가들은 거장들이 갖추었던 재능을 구비하지 못했을 뿐만 아니라 그들의 철학이나 문제해결을 위한 접근방법을 무시한 채 단지 모양만을 모방하려고 하고 있습니다.

양식과 형태를 혼동하지 않도록 하십시오. 이들은 동의어가 결코 아닙니다. 양식은 시간과 함께 없어집니다. 역사를 거슬러 올라가듯 고전양식의 부흥이나 고딕양식의 부흥은 있었으나 이들은 각 양식의 오리지널에는 결코 미치지 못했습니다.

신문의 부동산 광고에서나 볼 수 있는 불란서식 전원풍, 스페인식, 구식 영국풍, 케이프 코드(Cape cod)식, 고딕식, 조지안(Georgian) 스타일, 근대적 양식 등은 단지 레이블에 지나지 않습니다. 그렇다면 그들의 차이를 명확히 하기 위하여 이런 이름들을 붙인 것이 무엇이 잘못인가 반문할 것입니다. 구태여 잘못이라기보다는 이들을 역사적 양식이라고 해서는 안 되고 실제로 역사적 양식은 아니라는 것입니다. 뉴욕 타임즈의 건축평론가인 아다 루이스 헉스타블(Ada Louise Huxtable) 여사는, 흔히들 말하는 불란서식이나 앵글로색슨식 레이블에 대하여"거짓을 제공하는 인스턴트 역사"라고 부르고 있습니다.

참된 역사적 양식은 인간의 역사에 있어서 의의가 깊은 표상이라고 할 수 있으며, 힘의 표상이고 독창성의 표상이며 또 모호성의 표상이기도 합니다. 고대 이집트, 그리스, 로마의 위대한 건물들은 당시 사람들의 사상, 가치관, 생활양식, 종교에 대하여 그리고 당시의 사람들이 인류의 진보에 대해서 무엇을 기대하였는가를 명쾌하게 말해 주고 있습니다.

107

고전양식의 복고조

108

고딕양식의 복고조

109

110

111

112

많은 사람들은 오래된 빅토리아 양식의 주택 같은 진품을 원한다. 이와 같은 오래된 훌륭한 건물과 어정쩡한 역사적 냄새를 풍기는 멋없이 신축된 옛날식 건물과는 큰 차이가 있다. 말하자면 전혀 가짜인 것이다. 빅토리아 양식의 참된 주택은 그 당시의 생활양식을 명확하게 말해 주고 있다. 일요판 신문 부록의 광고에서나 볼 수 있는 가짜 '스타일'로는 말도 안 되는 것이다.

중국에서 발달한 가구식 구조양식은 그 당시의 문명이 어떤 것들이 있는가를 명확하게 말해 주고 있습니다. 또 초기 그리스도교의 교회건물은 종교적 변화를 잘 반영하고 있으며, 로마네스크 양식의 발전도 또 다른 종교적 변화를 보여줍니다. 각 나라마다 양상이 다른 고딕양식은 중세의 가치관이나 목표한 바를 정확하게 전해주며, 르네상스 양식은 수 세기에 걸쳐 형성된 가치관이 달라짐으로써 새로운 사상이나 새로운 철학과 융합되었음을 특히 강조하고 있습니다. 그리고 이슬람 양식은 어떤 역사책보다도 8세기의 아랍제국에 대하여 많은 것을 말하고 있습니다. 산업시대의 것에 대하여 알고자 할 때는 외국의 큰 철도역 주철 구조체를 잘 관찰하면 됩니다.

역사에 있어서 참된 것이란 무엇이라고 생각하는가? 역사적 양식이야말로 바로 그런 것입니다. 건물은 역사의 한 페이지 한 페이지라고 말해 오고 있습니다.

역사상 위대한 양식을 잘 연구하면 현대의 건물을 보다 더 잘 이해하고 감상할 수 있게 될 것입니다.

훌륭한 역사적 건물들을 이해하도록 노력해봅시다. 이 때 모든 건물에 공통으로 적용되는 세 가지의 기본적인 형태와 두 종류의 공간을 구분할 수 있어야 한다는 것은 매우 중요한 일입니다. 여기서 중요한 것은 다만, 연습뿐이며 당신이 어디를 가든지 오래된 건물이나 새로운 건물을 방문하기만 하면 됩니다. 가장 위대한 건물은 그 당시 가장 혁신적이고, 가장 현대적이었다는 것을 잊어서는 안 되며, 결코 값싼 모조품에 속아서도 안 됩니다.

여기서 보여주는 외관만 비슷하게 해놓은 도시의 주택들은 역사적 양식의 예는 아닙니다. 밋밋한 정면 벽에 그려진 만화와 같은 것일 뿐입니다. 서툴고 어설픈 모방이지요. 지붕의 천창은 거짓 창이고, 셔터는 닫히지 않으며, 발코니는 사람이 나가 있기에는 너무 작고, 내민창은 모양만 있고 실제로는 나와 있지 않습니다. 또 반목조 구조(Half Timber Structure)도 실제로는 목 구조체가 아닐 뿐만 아니라 구조적 내력을 갖지 않는 얇은 판재에 지나지 않습니다. 이들은 옛 양식의 그림을 그린 광고판보다 나을 것이 없습니다. 다시 말하면 무대장치나 눈속임이며, 이러한 일은 지금도 계속되고 있습니다. 즉 건물이 건물의 사

구식 영국 스타일 텍사스식 조지안 스타일 뉴 오르디안식 불란서 스타일

용자를 기만하고, 아마도 사용자들은 자신들을 기만하는 것이 될 것입니다.

이들 도시 주택들은 그럴 필요가 없는데도 거짓말을 하고 있는 것입니다. 요즘 건축가들은 아름답고 논리적인 주택을 개성 있게 설계할 수 있는 무한한 기회를 갖고 있습니다. 만약 '아름다움은 참된 것'이라고 한다면, 이들 주택들은 거짓을 말하고 있기 때문에 추한 건물이 되는 것입니다. 이러한 주택에 있어서 그 형태는 비논리적이고, 양식은 사람들을 기만하려는 비현실적인 것입니다. 모방은 건축을 부정하고 실로 교묘하게 건축을 망가뜨리게 됩니다.

이렇듯 역사적인 양식이 나타나게 된 나름대로의 이유를 알고, 각 양식마다 대표적인 건물에 관심을 갖고 친숙해지며, 그 당시 건물을 설계한 건축가들에 대하여 공부함으로써 얻은 지식은 역사적인 건물뿐만 아니라 금세기의 걸작들을 감상하는 데에도 크게 도움이 될 것입니다.

예를 들면 A씨와 B씨가 안드레아 팔라디오(Andrea Palladio)가 설계한 16세기 건물을 찾아 갔다고 합시다. 그 팔라디오의 건물은 사람들을 기만하지 않는 '진품'으로 400년 전에도 그랬고, 지금도 역시 '진품'입니다. 두 사람 모두 이 건물이 마음에 드는 듯합니다.

A씨는 팔라디오에 대하여 이전에 들은 바가 없지만 그 건물을 좋아하는 것 같습니다. 즉 건물이 그의 감정에 와서 닿은 것입니다. 그러면서도 그의 건축적 경험은 건물에 대한 지식 부족과 공간과 형태를 분석할 능력이 없기 때문에 지극히 한정되어 있습니다. 그에게 건물을 체험한다는 것은 그다지 큰일은 아니며, 다만 그가 좋아하는 건물 중의 하나에 지나지 않습니다.

그러나 A씨와 달리 B씨에게는 건물을 체험하는 일이 큰 즐거움입니다.

그는 역사적으로 팔라디오의 위대한 공헌과 영향을 알고 있습니다. 그는 팔라디오의 스케일, 비례, 구성, 골격적 형태 등의 원리와 그의 완벽한 정밀성을 감상할 수 있으며, 지붕과 바닥의 하중이 아치에서 기둥으로 전해지고 다시 아치로 전해지는 방식의 구조 시스템 수법을 경이로운 눈으로 바라보게 됩니다. 그는 여러 가지 공간의 교차를 좋아하고 아름다운 소재에 찬사를 보냅니다. 그는 지적으로 감동을 받고 지금까지 익힌 지식이 큰 즐거움으로 나타나 말하자면 건축적 체험이 더욱 깊어지는 것입니다.

클래식 모던 스타일

걸프 해안의 스페인 스타일

미시시피 콜로니얼 스타일

B씨에게는 또 다른 유리한 점이 있습니다. 그는 건축의 역사를 알고 있어서 자신이 일하는 사무소 건물을 감상하는데도 더 좋은 입장에 서 있습니다. 이러한 지식 덕분에 극장이나 음악당 등 사무실 근처에 있는 좋은 건물을 한층 더 즐길 수 있습니다. 어느 도시에든지 훌륭한 건물들은 있으며, 지식이 늘어남에 따라 좋은 건물을 보는 안목도 높아집니다. 즉 알면 알수록 더 많은 것을 즐기게 되는 것입니다. 앞의 '2. 건축'의 서두에서 내린 건축에 대한 정의를 다시 생각해 봅시다.

건축이란 개인적이고 즐거운 우리에게 꼭 필요한 체험입니다.

쌍둥이 탑인 펜조일(Pennzoil) 빌딩은 휴스턴의 중심지구에 우뚝 서 있다. 좌측의 존스 무대예술 홀과 우측의 앨버트 토머스 대회의장이 배경을 이룸으로써 이 조각과 같은 사무소 건물은 당당한 위풍을 자랑하고 있다.

PARK

5-1 프로포션 (Proportion : 비례)

건물을 체험할 때 프로포션, 즉 부분과 부분 또는 부분과 전체의 비례관계에 주목해 봅시다. 어느 것이 가장 만족스러운 프로포션이겠는가? 그리스 사람들은 그것을 알고 있다고 생각했으며, 그들이 만든 신전들은 '황금분할'에 관련되는 일정한 법칙에 따라 설계되었습니다. 13세기에 피보나치(Fibonacci)가 그 법칙을 책으로 만들었는데, 그는 '황금분할' 또는 완벽한 프로포션이란 0.618034 : 1(약 5 : 8)이라고 쓰고 있습니다. 파르테논 신전은 박공부분을 포함하여 이러한 비례의 장방형 안에 딱 들어맞습니다. 이집트의 기자(Giza) 피라미드도 마찬가지입니다. 16세기에 레오나르도 다빈치(Leonardo da Vinci)는 '신성비례'라는 기하학적 구성에 관한 책을 썼으며, 1948년 르 코르뷔지에도 수학적 비례에 대한 책을 썼습니다. 역사를 통해 볼 때 건축가들은 프로포션에 대한 황금법칙을 계속 추구해 왔으며, 지금도 찾고 있습니다.

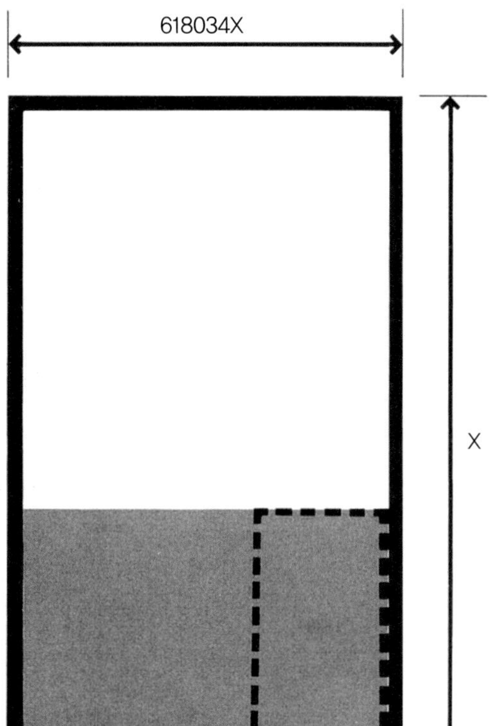

오늘에 와서 우리는 사물을 보는 방법이 달라졌을 뿐만 아니라 보는 물건 자체도 달라졌습니다.

석조의 공법에 기반을 둔 그리스의 프로포션 법칙은 이제 통용되지 않고 있습니다.

최근의 PS콘크리트나 포스트텐션 콘크리트(미리 공장에서 강철선에 장력을 넣어서 콘크리트를 치거나 현장에서 강철선에 장력을 주어 콘크리트를 치는 공법) 기술의 발달이나 철과 알루미늄 야금기술의 진보 등에 의해 전부터 계속 적용되어 오던 석조공법에서 비롯된 미학이 소용없게 되는 것입니다. 돌은 구조체로서 이제 사용하지 않게 되었는데 철근콘크리트나 철골이 훨씬 힘에 잘 견디기 때문이며, 그것은 당연한 일입니다.

어느 정도 지식이 있는 사람이라면 철근콘크리트 기둥이 돌기둥과 같은 프로포션(폭 : 높이)을 갖고 있을 때 그것은 우습도록 둔하다고 생각할 것입니다. 날씬한 강철제 기둥이 어떤 돌기둥 보다 그 기능을 더 잘할 것이라는 것을 알게 됩니다. 콘크리트나 강철은 모두 돌보다 능률적이고 또한 값도 저렴합니다.

그러면 건물의 구조체로서는 어떤 프로포션이 가장 아름답게 보일 것인가? 어떤 수치로도 그것에 해답을 줄 수 없습니다. 프로포션은 일반적으로 올바른 것이어야겠지만 그것은 돌이나 콘크리트, 그리고 강철에 따라 각기 다릅니다.

고대 그리스의 립 반 윙클(Rip van Winkle)이 오늘날의 광경을 본다면 중력에 저항하려는 듯한 강철이나 콘크리트 건물을 보고 당황했을 것입니다. 그가 갖고 있는 상식으로는 창이나 문을 위한 개구부는 두 개의 기둥 위에 걸치는 석조 인방의 크기에 따라 결정되어야 하기 때문입니다. 그 당시만 하더라도 10피트(3미터)짜리를 걸친다는 것은 대단한 일이었으나 요즈음은 60피트(18미터) 정도의 것도 결코 놀랄 일은 아닙니다(4장에서 구조에 관한 내용을 참조바랍니다). 따라서 보다 가는 기둥과 보로서 보다 넓은 공간에 걸치는 것이 기술적으로 가능하게 되면 솔리드(속이 꽉 찬 부분 – solid)와 보이드(속이 텅 빈부분 – void)의 프로포션이 달라지는 것은 당연한 일입니다.

114

115

건축가들은 인정하려 들지 않지만 화가들이나 조각가들로부터 끊임없이 영향을 받아왔다. 특히 네덜란드의 화가 몬드리안(Piet Mondrian)은 현대의 건축가에게 주목할만한 영향을 미쳤다. 실제로 몬드리안의 프로포션이나 색채의 흔적을 많은 좋은 건물에서 찾아 볼 수 있다.

여기 아름다운 프로포션을 보여주는 두 개의 주택은 설계 당시에 의식했든 의식하지 않았든 몬드리안의 패턴과 프로포션을 농도 짙게 포함하고 있다. 이 특징 있는 두 주택의 설계자인 찰스 이임스(Charles Eames, 114번 사진)와 랄프 앤더슨(Ralph Anderson, 115번 사진)의 두 건축가들은 각기 전혀 다른 개성 있는 스타일을 보여주고 있다. 이 두 사람은 건축적 형태를 구성하는 데 있어서 모두 거장들이라고 불리고 있지만 그 수법은 매우 달라서 각기 다른 디자인 철학과 미의식을 갖고 있어서 한 사람은 '기계적 미학'(114번 사진)을 또 한 사람은 '목구조적 아름다움'(115번 사진)을 표현하고 있다. 그러나 그들은 모두 뛰어난 건축적 구성을 만들어 내는 창조성과 더불어 디자인 능력을 갖추고 있다. 그들의 디자인 솜씨는 우리로 하여금 즐거움을 느끼게 하는 프로포션을 창조해 내는 그들의 능력에서 비롯되고 있다.

116

117

118

오늘날의 기술은 건축가나 엔지니어들에게 새로운 형태나 훌륭한 공간을 구성하는 데 거의 무한한 가능성을 제공하고 있습니다. 돌의 미학은 아직도 변치 않고 있지만 그것은 돌의 경우에만 해당되는 것입니다. 콘크리트 건물은 콘크리트 건물처럼 보여야 하며, 그것은 콘크리트 미학의 근본인 것입니다. 강철로 된 건물도 강철 건물처럼 보일 필요가 있고 그것이 강철 건물의 미학적 근본입니다. 강철이 콘크리트처럼 보이거나 콘크리트가 돌처럼 보여서는 안 됩니다. 즉 프로포션이 틀려지기 때문입니다.

여러 가지 다른 재료의 특성에 대하여 어느 정도의 지식을 갖고 있으면 그 만큼 건축을 감상하는 능력을 더할 수 있습니다. 그리고 만약 어떤 특정 재료가 왜 선택되었는가를 이해하게 되면 더 큰 도움이 될 것입니다.

(116, 117번 사진) : 이 두 건물을 자세히 살펴보면 둘 다 골격적인 형태가 지배적이다. 그러나 이들은 구조부재(기둥과 보)와 부재 간 간격의 프로포션에 큰 차이가 있기 때문에 서로 다른 성격을 지니고 있다. 그도 그럴 것이 한편은 콘크리트 구조기술에서 비롯된 프로포션이고 또 한편은 철강재의 구조기술에서 비롯된 것이기 때문이다. 그래서 하나는 콘크리트 건물처럼 보이고 또 하나는 강구조 건물처럼 보일 수밖에 없다. 이와 같이 프로포션은 재료의 성질에 따라 결정된다.

건축가들은 좋은 프로포션을 얻기 위하여 건물 내부와 외부 공간의 길이, 폭, 그리고 높이에 큰 관심을 갖고 있다. 그들은 특히 속이 꽉 찬 부분(벽)과 속이 텅 빈 부분(창)의 프로포션 및 창의 높이와 폭의 관계에 민감하다. 건축가들은 프로포션이 바르기만 하면 대중들은 거의 틀림없이 건물 전체를 받아들이게 된다는 것을 알고 있다.

5-2 스케일 (Scale)

스케일이란 말의 의미는 참으로 묘해서 건축가들은 그 말을 둘러싸고 있는 모호함을 좋아합니다. 그러나 '건축'이란 말보다도 오히려 스케일의 의미가 더 혼란을 가져오고 있습니다. 다음에 열거하는 것은 건축가들의 회의 및 제도실, 현상설계의 심사, 세미나 또는 건축에 관한 평론 등에서 사용되는 표현 중 몇 가지 예입니다. 즉 인간적 스케일, 비인간적 스케일, 친근한 스케일, 미적 스케일, 작은 스케일, 큰 스케일, 거대 스케일, 초 스케일, 구조적 스케일, 보행자 스케일, 자동차 스케일, 주택적 스케일, 도시적 스케일, 우아한 스케일, 아웃 오브 스케일(스케일에 맞지 않은) 등등입니다. 특히 가장 마지막 스케일이 즐겨 쓰이는 말입니다. 이들 어휘들은 각기 다른 뉘앙스를 가지고 있으며, 둘 또는 세 가지의 다른 의미를 갖고 있습니다. 이 때문에 이것만으로는 의사소통에 어려움이 많습니다.

건축가들 사이에서 이러한 혼란이 있다고 해서 당신까지 건물의 감상에 폐가 될 필요는 없습니다. 그들이 말하고 있는 것은 다만, 사물의 상대적 크기일 뿐입니다. 그들이 만약 좀더 정확히 말한다면 "이 건물은 본래의 크기보다 두 배가 크다"라든가 "천장 높이가 여기서는 사람 키의 두 배가 되었어야 할 텐데 세 배나 되고 있다." 또는 "이 문은 보통 문보다 4피트가 높고 1피트 넓다." "이 방은 너무 커서 나는 개미

가 된 느낌이다." "방이 너무 작아서 난 꼭 거인이 된 것 같아" 등등으로 말하면 될 것을 그들은 "스케일이 비인간적이다"라든가 "이것은 스케일에 안 맞는데"라고 말하고 있을 뿐입니다.

아마도 당신은 "그것이 너무 크다든가, 너무 작다 하는 두 가지 표현만 있으면 될 것이 아니냐고" 생각할 수도 있지만, 그것은 그렇게 간단하지만은 않습니다. 왜 그것이 너무 크고 너무 작은지 자신에게 물어보면 여러 가지 많은 답이 나올 것입니다. 그래서 건축가들은 사물의 상대적 크기에 관련된 많은 표현을 쓰는 것입니다.

건축가나 평론가 또는 역사가들이 즐겨 쓰는 스케일에 관한 표현을 모두 기억하거나 이해하려고 할 필요는 없습니다.

그러나 물리적 스케일, 연상적 스케일, 그리고 실효적 스케일 등 세 가지 어휘는 알아 두어야 할 것입니다.

이 밖의 여러 종류의 스케일들은 모두 이 범주에서 벗어나지 못할 것입니다.

물리적 스케일 (Physical Scale) 물리적 스케일은 자로 측정할 수 있는 것을 말합니다. 계단을 예를 들면 챌판의 높이(계단 한단의 높이)가 4인치(10.2cm)인지, 7인치(17.8cm)인지, 너무 급하지 않을지, 디딤판은 12인치(30.5cm)라면 넓이가 충분한가, 계단을 오르내리기에 어렵지 않은가 등을 말합니다. 또 문의 경우 충분한 폭을 갖고 있는가, 피아노를 갖고 들어갈 수 있겠는가, 여러 사람들이 한꺼번에 출입하기에 충분한 크기인가, 아니면 고양이나 겨우 출입할 수 있는 정도인가 등이 거론되기도 하며, 8자(2.4m) 사방의 벽걸이를 장식할 충분한 높이의 벽, 열두 사람이 함께 식사할 수 있는 크기의 식당, 4천 명 정도를 수용할 수 있는 크기의 회의장 등으로도 말합니다. 이들은 모두 물리적 스케일에 대하여 말하고 있는 것입니다.

만약 누군가가 "그것은 아웃 오브 스케일인데(척도가 안 맞는데)"라고 말하여 너무 작은 것을 뜻할 때 우리는 그가 생각하고 있는 것을 웬만큼 알아차리게 됩니다. 그러나 좀더 구체적으로 "피아노를 넣기에는 너무 작다"라고 한다면 우리는 그가 말하려 하는 바를 정확히 알 수 있습니다. 즉 물리적 스케일이 맞지 않고 너무 작다는 얘기입니다. 그것은 단지 작게 보이는 것이 아니라 실제 물리적으로 너무 작은 것입니다.

물리적 스케일은 측정될 수 있는 것입니다.

119

연상적 스케일 (Associative Scale) 연상적 스케일을 측정하기는 힘든 일입니다. 즉 자를 가지고는 잴 수는 없습니다. 그것은 단지 "무엇 무엇처럼 보인다."라고 밖에 안 됩니다. 그러나 감각적으로는 그것이 현실의 것이고, 측정이 가능한 것이며, 눈과 기억이 측정하는 것입니다.

연상적 스케일을 이해하기 위해 다음과 같은 경우를 생각해 봅시다. 파르테논 신전을 본 적이 있는 사람은 잊혀지지 않는 이미지를 갖고 있고 그는 여신 미네르바를 위해 만들어진 거대한 계단에 경탄하게 됩니다. 그것은 확실히 인간을 위한 것은 아닙니다.

"기둥의 척도"를 건물의 프로포션을 잡는 데 기본으로 사용하기 시작한 것은 그리스 사람들이었고, 후에 팔라디오(Palladio)가 이를 계승했는데, 작은 기둥이 사용될 때는 다른 부분도 모두 작게 잡았다. 현대의 건축가들은 본래 석조건물에 적용되던 이러한 법칙을 따르고 있지는 않지만 프로포션이나 기둥의 시각적 영향을 충분히 인식하고 있다.

그 사람은 아름다운 프로포션이나 훌륭한 솜씨에 주목하고, 특히 고대 그리스 신전의 인상적인 크기에 마음을 두게 됩니다. 그의 마음속에 있는 것은 이 건물의 물리적인 스케일인 것입니다.

이때 이 사람이 파르테논 신전과 똑같은 프로포션에 같은 재료, 같은 솜씨, 같은 주위 환경을 갖고 있으면서 물리적인 스케일만 반으로 줄인 다른 파르테논을 보게 된다면 그의 체험은 전혀 다른 것이 되고 말 것입니다. 그리고 "이것은 파르테논이 아니야, 이것은 모조품이고 진짜를 줄여 놓은 것일 뿐이야, 내가 지금 보고 있는 것은 형편없는 복제품이야"라고 말할 것입니다. 그것이 그에게 형편없는 것으로 생각되는 것은 실제의 크기가 큰 요소로 작용하고 있는 실물과 관련시켜 생각하고 있기 때문이고, 연상적인 스케일의 등장입니다. 이와 같이 거대한 건물을 줄여 놓은 축소형을 보는 것은 피해야 할 것입니다. 당신도 같은 경우를 당하게 되면 그런 반응을 갖게 될 것입니다.

그러나 만약 이 사람이 파르테논 신전을 실제로 본 적이 없다면 반으로 줄여 놓은 것을 좋아했을지도 모릅니다. 만약 거대한 3층 집인 콜로니얼 스타일의 저택을 본 적이 없는 사람들은 흔히 교외에서 볼 수 있는 축소된 단층집의 비슷한 양식을 보고 그리 나쁘다는 생각은 안하게 될 것입니다. 한번 실제의 것을 보게 되면 그 축소형은 모조품으로 보이게 됩니다.

휴스턴 교외에 사는 어떤 여인은 비행기가 자신의 집으로부터 1마일 떨어진 곳에 추락하는 것을 목격했다고 보안관 사무실에 보고해 왔습니다. 그래서 구조차량이 현장으로 급히 달려갔으나 그들이 발견한 것은 참혹한 비행기의 잔해가 아니고 그녀의 집에서 불과 70미터 떨어진 곳에 약간 망가진 모형비행기일 뿐이었습니다.

왜 이 여인은 비행기가 추락했다고 보고하였는가를 이해하는 것은 간단한 일입니다. 그 여인의 눈이 그녀를 속인 것입니다. 그것도 물리적 스케일이라는 단지 한 가지 이유에서입니다. 그 여인이 본 비행기는 실물과 똑같은 모양, 같은 프로포션, 그리고 같은 표식을 하고 있었던 것입니다. 공중에서 그 모형비행기는 실물 비행기처럼 움직였고, 연상적 스케일에 의해 그 여인에게는 정말 실제처럼 비쳤던 것입니다.

연상적 스케일은 전례에 따라 결정됩니다.

실효적 스케일 (Effectual Scale) 건물은 물리적 스케일을 만족시켜 그의 기능을 다할 수 있도록 충분히 클 수 있고, 연상적 스케일을 만족시켜 그 크기가 역사적으로 올바를 수 있습니다. 그러나 크기에 대한 심리적인 면은 어떨까? 건물이 얼마나 크고 또는 얼마나 작게 느껴지는 것일까?

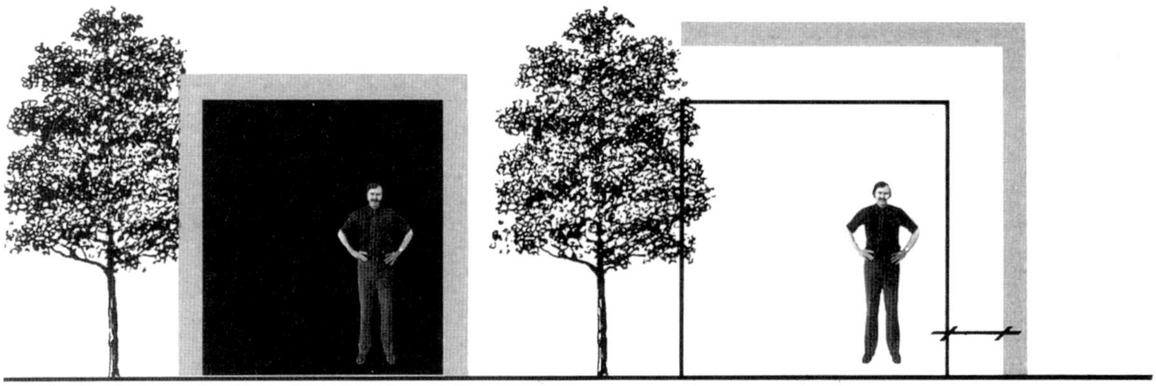

여기서 보여주는 예에 대하여 생각해봅시다. 왼쪽 그림은 창이 없는 공간으로 작게 "느껴진다" 오른쪽 그림처럼 한 면에 유리를 끼우게 되면 물리적으로는 그 크기가 같지만 훨씬 커진 것처럼 "느껴진다." 이러한 느낌은 실제로 3피트(90cm)만큼 높고 넓은 것처럼 여겨집니다. 공간은 시각적으로 확장된 것이며, 이제 외부는 내부의 일부가 되고 있습니다. 실효적 스케일은 말하자면 크기의 착각에 관계되는 것입니다. 1940년대 말에서 50년대 초에 걸쳐서 자재의 부족과 건축자금의 부족, 그리고 건설예산의 경직 등으로 인하여 건축가들은 주택의 바닥면적을 최소한으로 축소시켰습니다. 이때 실효적 스케일을 적절히 사용하여 훌륭한 작은 주택들을 만들었습니다. 이들의 디자인 방법 중의 하나는 거실, 식당, 부엌을 각각 방으로 처리하는 대신에 그들 사이의 칸막이벽을 없앰으로써 "기능적 영역군(functional areas)"으로 했습니다. 만약 그들을 네 개의 벽으로 둘러싸인 방으로 처리했더라면 그 방들은 견딜 수 없을 정도로 작았을 것입니다.

이 시기에는 별로 작게 느껴지지 않게 집들이 세워졌습니다. 때로는 폭이 6피트(1.8미터) 밖에 안 되는 부엌의 한쪽에 조리대가 배치되고 또 한쪽에 냉장고, 가스대, 개수대 등이 배치되는 경우도 있었습니다. 두 사람이 겨우 통과할 수 있을 정도의 통로 밖에 안 되었으나 그 부엌은 넓은 느낌을 주었습니다. 한쪽의 조리대 위에는 천장까지 통판유리를 끼워서 답답해 보일 수도 있었던 공간을 쾌적하고 커 보이는 부엌으로 만들 수 있었던 것입니다. 내부를 크게 보이게 하기 위하여 외부를 빌려온 예라고 할 수 있습니다.

너무 크다고 생각되는 공간이나 형태에 관련된 경우에는 실효적 스케일을 이해하기가 약간 어렵습니다. 옆의 위 그림에 대하여 생각해 보면, 한 남자가 서 있으나 그 방의 물리적 스케일에 압도되어 있습니다. 그에게 이 공간은 무엇인가 잘못된 것 같습니다. 그에게는 그 방이 너무 크게 느껴지고, 공간은 위압적이며, 천장은 너무 높다고 생각되고, 방의 넓이는 쾌적하다고 느끼기에는 너무 큽니다. 말하자면 이 남자는 인간의 존재성을 빼앗기고 있다고 느껴져 그는 "이 방은

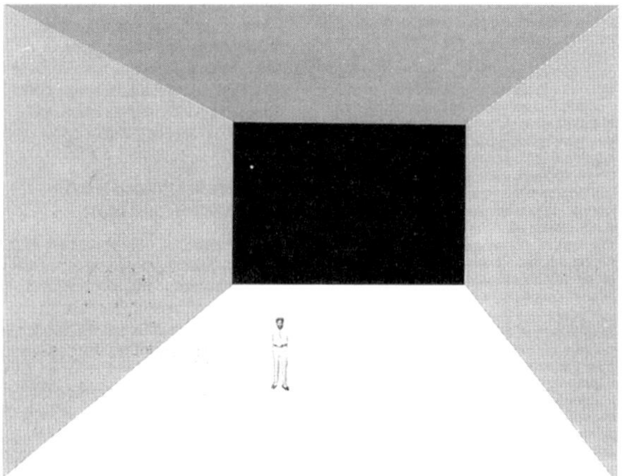

당신 자신이 이 사진에서처럼 나무가 하늘을 덮을 듯이 늘어선 길을 따라 아름다운 남부의 저택을 향해 걷고 있다고 생각해 보자. 친근하고 장중한 기둥이 보이고 리듬감이 넘치는 지붕과 함께 아름다운 프로포션을 이루고 있음을 보게 된다. 그리고 이 오래된 저택을 체험할 수 있는 기대에 부풀게 된다.

그러나 가까이에 이르러 좀더 정확히 보게 되었을 때, 충격을 받을 수도 있다. 지금 당신이 보고 있는 것은 인상적인 3층 저택이 아닌 단층의 방갈로에 지나지 않으며, 그 '물리적 스케일'은 체험할 것으로 기대하던 저택 크기의 반도 안 되는 것이다. 그리고 당신이 체험할 저택이 클 것이라는 '연상적 스케일'을 마음 속 어딘가에 품고 있었으며, 속았다고 알아차리기도 전에 '실효적 스케일'이 대두된 것이다. 이것은 축소형에 속은 것으로 신축된 '고풍의 남부 콜로니얼 저택'이 있는 곳에서 흔히 발생하는 일이다.

의심할 것도 없이 스케일은 착각을 일으키며, 잣대조차도 때로는 사람의 눈을 속인다. 작은 공간도 실제보다 크게 보이는 경우가 있다.

그러나 이 아름다운 사진과 훌륭한 저택의 명예를 위하여 여기서 밝혀 두어야 할 것은 이 저택은 실제로는 아름다운 3층의 남부 저택이란 것이다.

120

인간적 스케일이 아니다"라고 말할 것이며 결코 틀린 말이 아닙니다. 그는 텅 빈 빵 상자 속의 개미처럼 자신의 존재를 잃고 무의미함을 느끼게 됩니다.

"인간적 스케일"을 보면, 그것은 8피트(2.4미터) 천장이나 80피트(24m) 천장을 뜻하는지? 또 계단에서 4인치(10센티미터)의 단높이나 2피트(6.1미터)의 단높이를 뜻하는지, 과연 그것은 자로 재거나 심리학적 실험으로 측정이 되는 것일까? 여기서의 관심은 다만, 공간의 실효적 스케일입니다. 이 남자에게 그 방은 너무 크게 보입니다.

그러면 이 공간의 어디가 잘못된 것일까? 그에게는 심리적으로 너무 크다고 하더라도 만약 바로 아래 그림처럼 그와 많은 사람들이 함께 있다면 그는 어떻게 느낄까? 아마도 훨씬 마음을 편하게 느낄 것입니다. 실내 자체는 물리적으로 아무런 변화가 없었지만 심리적으로는 전혀 다른 공간이 됩니다. 단지 변화한 것이 있다면 실효적인 스케일일 것입니다. 즉 이제 공간은 위협을 주지도 않고 그는 여러 사람들이 모인 그룹의 일원으로서 천장 높이도 적당하게 느껴지며, 좀더 정확하게 말하면 실제 효과는 정황에 따라 변합니다.

여기의 예에서 이 공간은 한 사람에게는 너무 크지만 147명의 사람들에게는 적당한 크기일 것입니다. 인간적 스케일은 그곳에 인간이 얼마나 있는가에 따라 달라집니다.

여기서 사람이 혼자라 하더라도 반드시 큰 공간에 압도되는 느낌을 갖는 것은 아니라는 것입니다. 예컨대 1194년대 건설이 시작된 샤르트르 대성당(Chartres Cathedral)은 사람에 따라 해방감을 맛보게 하고 어떤 사람은 비인간적으로 느낄지도 모릅니다. 결국 실효적 스케일은 사람에 따라, 그리고 어떤 때에 공간을 체험하느냐에 따라 달라집니다. 건축은 한 개인의 개인적 체험이므로 실효적 스케일은 물리적 스케일과 마찬가지로 그 개인에 따라서 리얼(real)한 것이 됩니다.

실효적 스케일은 심리적인 것입니다.

5-3 구성 (Composition)

그림이나 음악 또는 조각을 감상할 때 의식적이거나 무의식적으로 각 부분이 어떻게 잘 짜여져 있는가를 보거나 듣게 됩니다. 그리고 자신에게 "구성은 어느 정도 잘 짜여져 있는가?"라고 질문을 던지게 됩니다.

건축가들은 공간과 형태와 빛을 이용하여 구성합니다.

건축가들은 기술적 지식과 몸에 밴 구성능력을 구사하여 공간과 형태를 구성하고 그것이 낮의 변화하는 자연광선과 밤의 조명과 영합하여 예술적이고 기능적인 건물로 나타나기를 기대합니다.

그러므로 건축가들은 예술적인 동시에 실리적이어야 합니다. 캔버스 위에 그림을 구성하는 것이나 좋은 음악을 만들기 위하여 악보상에 음표를 그리는 것, 완전한 조각을 이루기 위하여 돌을 쪼아내는 것 또는 원고를 모아서 하나의 재미있는 줄거리를 엮어 가는 것들은 그것만으로도 힘든 일입니다. 그러나 예술성뿐만 아니라 모든 부분을 구성하여 훌륭한 건물로 구성해가는 데 필요한 기능적 효율성이나 경제성을 성취한다는 것은 한층 더 힘든 일이라고 할 수 있습니다. 힘든 일이기 때문에 좋지 않은 진부한 건물도 많이 있게 마련인데 그것은 기능적 효율성이나 경제성과 함께 있어야 할 구성능력 및 창조성이 결여되어 있기 때문입니다. 훌륭한 건물을 만드는 데는 우수한 구성능력을 필요로 하며, 위대한 건축가들은 이러한 능력을 갖고 있었습니다. 라이트, 르 코르뷔지에, 미이스, 그리고 카안 등은 오랜 건축가 생활을 통하여 훌륭한 구성능력을 발달시켰던 것입니다.

건축의 구성은 벽, 바닥, 천장, 지붕, 창, 문 등 각 부분을 한 장의 종이 위에 배열한다는 것 이상으로 단지 입면도를 그리는 것으로 생각해서는 안 됩니다.

121

(121, 122번 사진) : 구성이란 "부분들을 맞춰서 형태를 이룸"을 뜻하지만 그리 쉬운 일은 아니다. 건축가는 공간의 크기나 관계에 정확히 대응하기 위해 공학에 관한 지식을 갖고 있지 않으면 안 되며, 그렇지 못한 경우 그 건물은 생각하던 대로 제 기능을 다 하지 못할 수도 있다. 건축가에게는 기술적인 오류가 허용되지 않으며, 그렇지 못한 경우 건물은 위험하고 불편하여 사용자들이 좋아할 리 없다. 또 건축가는 예술적으로도 유능해야 건축주의 눈 밖에 나지 않아 일을 계속 맡을 수 있다.

여기에 있는 사진들은 아주 뛰어난 구성 능력을 갖고 있던 카안(Louis Kahn)이 설계한 텍사스주 포트워스에 있는 킴벨 미술관이다.

이 미술관 주변을 걸어 다녀보면 마치 아름다운 조각 주변을 걸어 다니는 것처럼 느껴지고, 어디서나 아름다운 모습이다. 건물이 아름답고 미술관으로서의 기능도 다하고 있으며, 아름다움은 그 효율성에 의해 보다 강하게 보완되고 있다.

122

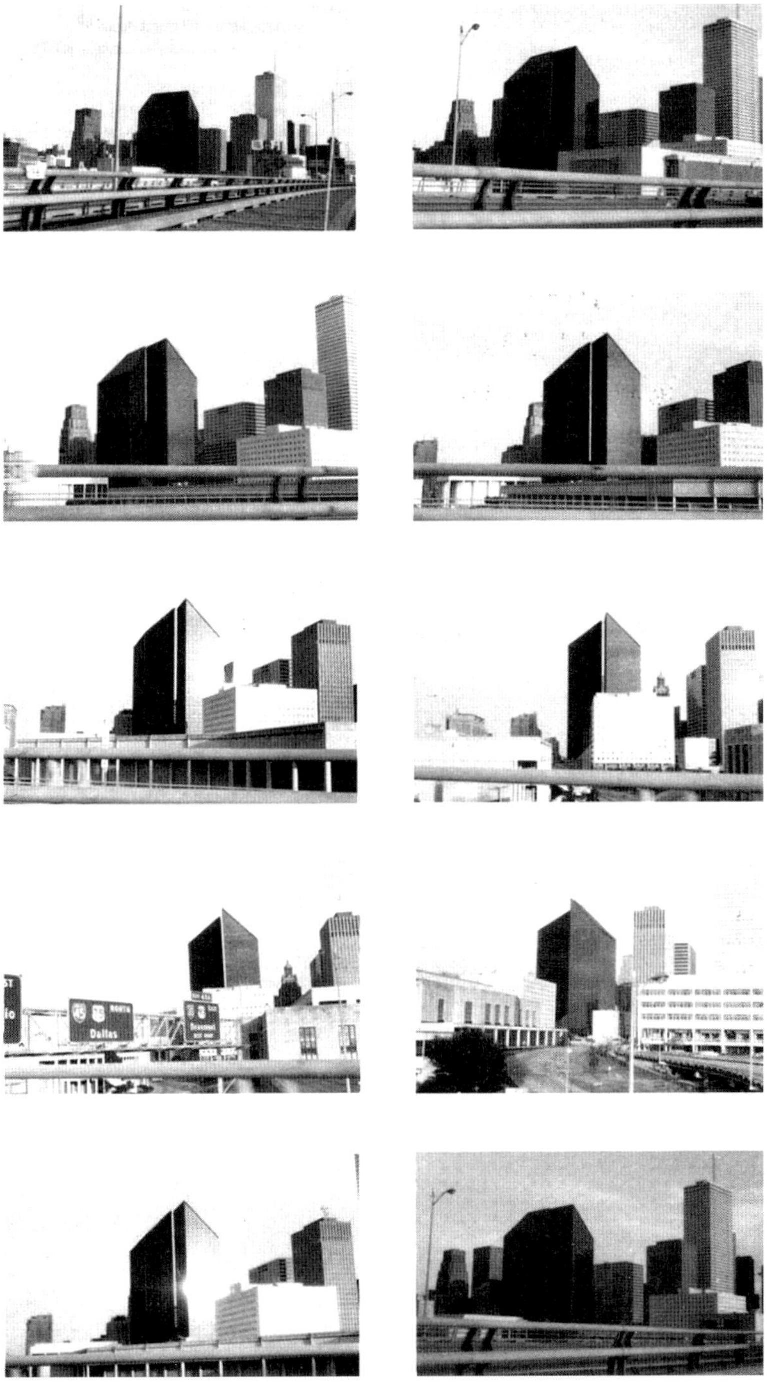

123

(123번 사진) : 처음으로 어떤 도시에 차를 몰고 갔을 때, 순간적으로 지나가는 건물의 모양, 건축 재료의 질감과 색채, 스카이라인, 변화하는 공간과 형태의 구성 등은 잊혀지지 않는 강한 인상을 준다.

여기서 보여주는 휴스턴의 고속도로에서 찍은 일련의 사진들은 펜조일 빌딩의 강렬한 조소적 형태가 주는 시각적 흥분과 변화하는 입체감을 보여준다.

(124번 사진) : 내부를 걸어 다닐 수 있는 조각품이다. 그러나 실용적인 면도 있어서 물고기가 헤엄쳐 올라갈 수 있는 통로도 되고 전망대도 될 수 있다. 이것은 미시건주 그랜드 래피즈를 따라 흐르는 강 위에 있는데, 살아 있는 조각으로서 유익한 용도를 갖는 아름다운 구조체라고 할 수 있다. 건물도 이런 면이 있어야 한다.

WORKS

건축의 구성은 조용히 서서 감상하는 그런 회화의 정적인 구성과는 다릅니다. 보는 사람의 움직임에 따라 구성도 변화하며, 공간 사이 및 형태의 주위를 걸어 다니는 것에 따라 건물의 부분 부분도 움직이는 것처럼 보입니다. 느긋하게 산책할 때 건물의 효과는 출근길에 급히 건물들 사이로 다니면서 보는 효과와는 다른 것이며, 또 고속도로를 시속 5마일로 달릴 때 경험하는 도시경관에서의 투시효과와 입체감의 변화를 경험하는 것은 전혀 다른 것입니다.

구성을 할 때 건축가들은 자신의 의도를 실현하기 위하여 몇 가지 디자인 개념을 적용하며, 이들 개념이 건물의 기본적 성격을 규정하게 됩니다. 이들 개념들은 각기 다른 경우와 목적에 따라 적용될 수 있는 상대적인 개념으로 생각하는 것이 편리합니다.

예를 들면 단순성과 복합성(136페이지 참조), 명료성과 모호성, 억제와 과장 등입니다.

건축가는 고층건물의 높이를 강조하기 위하여 수직성이라는 개념을 적용하고, 고층건물의 바닥 선을 강조하기 위해 수평성이라는 개념을 적용하여 경이로움과 시각적 즐거움을 주기 위하여 공간의 연결에 있어서 공간의 조화가 아닌 공간의 대비(20페이지 참조)라는 개념을 적용하기도 하며, 또 창이나 기둥의 배열에 있어서 리듬(53페이지 참조)이라는 개념을 적용할 수도 있고 그 반대로 예측할 수 없는 효과를 노려서 불규칙성을 쓰기도 합니다.

의식적이거나 무의식적으로 건축가들은 많은 디자인 개념을 선택하여 쓰게 되는데 이들을 모두 열거하기는 많으므로 그중 몇 가지만 예로 들면 통일성과 변화성, 다양성과 단일성, 질서와 (의도적인) 무질서, 대칭과 비대칭 등입니다.

대칭의 건물과 비대칭의 건물은 어느 것이 더 좋을까? 이것은 아주 예전부터 건축가들 사이에서 논란이 되어온 문제입니다. 1930년대 건축과 학생이 만약 비대칭의 디자인을 제출했다면 그 때의 교수는 아마 웹스터 사전에서 "대칭이란 균제가 이루어진 프로포션에서 비롯되는 형태의 아름다움이다"라는 말을 인용하여 그 학생을 낙제시켰을 것입니다.

그러나 1940년대에 와서 대칭은 터부시 되었고, 당시의 교수들은 "대칭형 평면들은 제 기능을 다하지 못한다."라고 말했으며, 지금에 와서도 일반적으로 그 말이 맞습니다. 대칭적인 형태의 밸런스를 이루려면 중심선의 오른쪽에 공간의 반을 놓고, 나머지 반을 왼쪽에 배치하는 약간은 무리한 조치를 취해야 됩니다. 전체의 기능을 자연스럽게 둘로 나눌 수 있다는 것은 그리 흔한 일이 아닙니다.

1960년대에 와서 디자인의 기념비성이 다시 대두되었을 때, 대칭적 구성이 다시 나타났고, 많은 건축가들이 대칭은 부자연스럽고 형태를 위한 형태일 뿐이라고 생각했지만 그들은 그대로 받아들여졌습니다. 대중들은 역사적으로 이미 익숙해진 대칭적 구성을 좋아했던 것입니다. 스톤(Edward D. Stone)이나 야마사키(Minoru Yamasaki)와 같은 숙련된 건축가들은 이 대칭형의 부활에 잘 편승했으나 이제 대칭형은 인기가 없어졌습니다. 그러나 언젠가는 다시 꽃피울 때가 있을 것입니다.

사람들은 어떤 일이든지 열심히 할수록 더 좋은 결과를 얻게 될 것이라고 말합니다. 그러나 1960년대와 1970년대에 미국의 건축학과에서는 교과 과정상의 역점이 디자인에서 경영 측면으로 옮겨감으로써 결국 훌륭한 디자이너로서 졸업하는 학생 수가 격감되고 말았습니다. 그래서 그들이 설계한 건물을 보면 구성의 능력이 충분히 발달되어 있지 않다는 것을 알 수 있습니다. 정규 과정이거나 독학이거나 더 많은 경험과 교육이 이 상황을 고쳐나가게 될 것입니다.

최근 건축학과의 교육을 보면 다시 디자인에 열을 쏟는 희망적인 징후가 점차 나타나고 있으며, 앞으로는 감상할만한 좋은 건물들을 더 많이 보게 될 것입니다.

건축적 통일성을 갖게 하는 무난한 방법으로는 오랫동안 시도해온 정직한 좌우대칭의 구성방법이 있다.

1. 먼저 입방체를 만든다.

2. 그것을 기단 위에 올려놓는다.

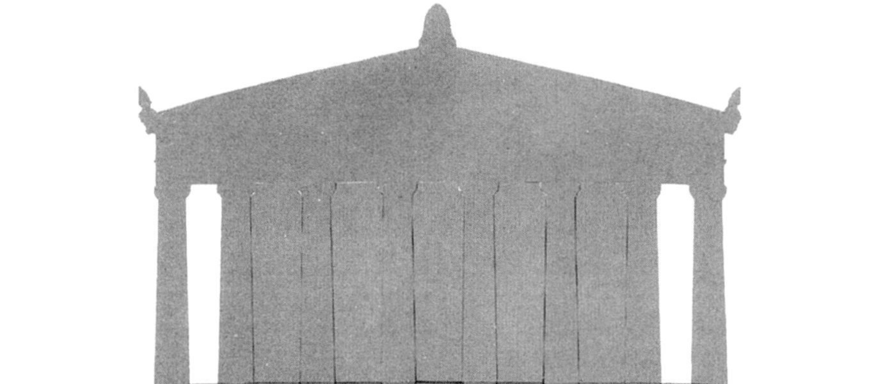

3. 주위에 기둥을 둘러 세우고 그 위에 덮개를 씌운다.

이 방법은 파르테논 신전에 사용되었고, 지금도 사용되고 있다.

6. 물리적 환경 (Physical Environment)

건물의 대지와 빛과 건물이 하나가 되어 물리적 환경을 조성합니다. 이들은 서로 영향을 주고 있습니다.

6-1 건물의 대지 (site)

대지는 여러 면에서 건물의 모양을 좌우하게 됩니다. 대지 내에 있는 나무 및 바위가 건물의 평면 배치를 결정할 때도 있습니다. 지형에 따라서는 건물이 기둥 위에 얹혀진 것처럼 보일 때도 있고, 지형의 고저차 때문에 건물의 바닥 높이를 달리 해야 할 때도 있습니다. 급한 경사로 된 대지에 세워지는 건물 가운데는 거대한 계단처럼 보이는 것도 있습니다. 대지의 크기 또한 건물의 형태를 결정하는 요소입니다.

사람이나 경제적 여건도 건물의 형태를 결정하는 요소들입니다. 건물을 사용하려는 사람들의 수나 건물에 관한 그들의 욕구도 공간을 형성하고 형태를 결정하며, 건설 자금도 건물의 질은 물론이고 건물의 모양이나 크기를 결정하는 데 큰 몫을 합니다. 실제로 건축가들은 건축주들에게 "당신의 돈지갑이 곧 당신의 건축가입니다"라고 말해 왔습니다. 그러나 무엇보다도 대지가 건물의 모양을 결정짓는 가장 중요한 조건이라고 할 수 있습니다.

대지는 위치, 크기, 지형, 그리고 기후에 따라 공간의 모양을 결정짓고 형태를 규정합니다. 대지는 그 위에 세워지는 건물 못지않게 분위기를 만들어내는 큰 요소가 되고 있어서 때로는 좋지 못한 건물도 좋게 보이게 하는 경우가 있으며, 나무에 둘러싸여 있을 때는 좋은 집도 나무가 없는 초원에 옮겨다 놓으면 형편없이 보일 수도 있습니다. 대지의 고저차에 따라 때로는 독특한 형태 및 구조가 요구되기도 합니다. 특히 급경사를 이룬 지형에 맞게 특별히 설계된 건물을 평탄한 땅에 옮겨서 지을 수 없으며, 그 반대의 경우도 마찬가지입니다. 아름다운 물가의 경치를 바라볼 수 있도록 설계된 건물을 복잡한 교차로의 모퉁이에 세울 수 없습니다. 만약 건축의 대지가 시골에 있고 크다면 단층집이 합리적이지만 대지가 시가지에 있고 작다면 같은 바닥면적을 취하기 위하여 다층의 집이 가장 적합할 것입니다. 그러므로 대지가 형태를 결정한다는 것을 잊어서는 안 됩니다.

대지는 또한 건물의 성격을 결정합니다. 대지가 대도시의 도심지에 있는지, 교외 언덕 위에 있어서 아름다운 호수를 내려다 볼 수 있는지에 따라 상황은 달라집니다. 도시에 있는 건물이 교외에 있는 건물보다 고려해야 할 이웃이 더 많습니다. 도시 중의 대지에서는 시골과는 전혀 다른 외부처리 및 조경이 요구됩니다. 뉴욕시의 구겐하임 미술관은 도회지가 아닌 넓은 저택과 같은 대지에만 적합하다고 신랄하게 비평받은 바 있습니다. 도시나 교외이거나 고밀도 지구에서는 이용자들이 많기 때문에 그만큼 더 많은 빌딩과 큰 대지가 요구됩니다.

도시 내의 대지에서 가로 모양이나 높이 제한, 건물의 후퇴 등의 규정 때문에 건물의 크기나 모양이 어쩔 수 없이 정해집니다. 그러나 바다, 산, 그리고 계곡을 바라볼 수 있는 대지에서는 건물은 보통 방향성을 갖고 전망이 좋은 쪽을 향하게 됩니다. 숲 속의 건물들은 일반적으로 외부로 향해 열려 아늑하고 낮은 밝기와 근처의 푸른 숲을 충분히 이용합니다. 사막에 있는 대지의 건물은 대체로 안을 향해 열려 하늘과 땅의 극심한 밝기나 때로는 심한 기후에 등을 돌리고 있습니다. 그러나 특별한 전망이나 넓은 경관을 보기 위한 창들이 만들어지기도 합니다.

대부분의 사람들은 건물이란 그것이 세워질 지역 고유의 특성을 갖고 있어야 한다고 생각하고 있습니다. 그러나 지역이란 무엇이며, 어느 정도의 크기를 갖고 있어야 하는가? 한 나라와 같은 크기인지 아니면 미국과 같은 나라의 1/6 정도 크기인지, 이 문제를

125

126

127

(125번 사진) : 좌우대칭적 밸런스는 역사적인 전례가 많아서 모든 사람들에게 이해되기 쉽다.

파르테논 신전, 제퍼슨 기념관, 링컨 기념관, 그리고 그 밖의 많은 주 의사당 건물이 좌우대칭으로 구성되어 있다. 이 좌우대칭의 구성은 오랫동안 시도되었고, 가장 쉽게 이해되었다. 그러나 20세기 전반의 근대운동은 좌우대칭의 구성에 이의를 제기하였고, 1960년대에 와서 다시 좌우대칭에의 관심이 재고되었으나 에너지 위기는 그 양식의 복고를 중지시킨 바 있다. 좌우대칭의 건물은 앞으로도 자주 나타나게 될 것이라고 생각해도 된다.

(126번 사진) : 비대칭의 구성은 무척 어렵다. 밸런스와 좋은 외관을 동시에 이룬다는 것은 힘든 일이며, 바라는 대로의 리듬이나 연속감을 얻는 것도 어렵다. 그러나 무엇보다도 힘든 것은 건축적 통일감을 이룩하는 것이다. 사진의 이 건물은 통일감을 이룩하는 것이다. 사진의 이 건물은 통일감을 잘 나타내고 있으며, 대부분의 사람들은 이 건물을 시각적으로 성공적이라고 한다. 이 건물에서는 비대칭적인 구성이 솜씨 있고 명쾌하게 처리되었으며, 조각이 비대칭적 밸런스를 달성하는 데 중요한 역할을 하고 있다.

(127번 사진) : 건축가는 단일 건물의 여러 부분을 구성하여 아름다운 전체를 이룩하는 것 외에 주위의 건물과 시각적 통일감도 창조해야 한다. 건축적 구성은 최소의 디테일(예를 들면 창을 만드는 여러 부분들을 구성하는 등)에서 비롯하여 최대의 배치(캠퍼스 내의 여러 건물을 구성하는 등)에 이르기까지 다양하다. 이 사진의 예는 넓은 보행자 영역의 공간과 물체의 재미있는 구성을 보여주는 것으로 시애틀 워싱턴대학의 메인 콘코스이다.

생각해 봅시다. 미국에는 북서부 지역이라는 곳이 있어서 내셔널 지오그래픽 회사판 세계지도에 의하면 다섯 개의 주를 커버하고 있지만 이 지역에서는 "남서부 건축"과 다른 "북서부 건축"을 갖고 있어야 할까요? 해답을 생각하기 전에 다섯 주(州) 가운데 하나인 워싱턴주에 대하여 잘 생각해 보면, 연간 강우량은 연안지방의 12피트(3,600mm)에서 캐스케이드산맥 동쪽의 불과 몇 인치까지로 전혀 다르며, 높이는 시애틀의 해발 몇 인치에서 레이니어 산정의 해발 14,410피트(4,330m)까지 차이가 있습니다.

수목도 마찬가지로 다양합니다. 산맥의 동측은 나무가 없는 사막이며, 서측은 깊고 울창한 강우림이 펼쳐져 있습니다. 기온도 워싱턴 주에서는 천차만별입니다. 그러므로 건물은 지역 고유의 특성을 가져야 한다고 말하기 전에 그 지역이란 말을 정의해 볼 필요가 있습니다.

가로의 한쪽에 어울리게 디자인된 건물이 가로의 다른 쪽에서도 똑같이 만족스럽게 그 기능을 다한다고 말할 수는 없습니다.

(128번 사진) : 배치계획의 거장인 라이트(Frank Lloyd Wright)가 설계한 애리조나주의 타리아신 · 웨스트는 참으로 걸작이다.

이곳의 대지는 이용자의 감정적 요구나 육체적 요구를 모두 만족시켜 준다. 건물은 토지의 등고선과 잘 어울려 있는데 이것이 다른 많은 건물과 다른 것이다. 대지를 단열재로 사용하고 이로써 에너지를 절약하고 있으며, 라이트는 자연에 대항하기 보다는 자연에 따라서 집을 지은 것이다.

(페이지 99~101) : 대지와 건물 간에 공생적 관계가 있을 때 적합하다는 느낌이 비로소 생기게 된다.

128

130

131

지역을 가로의 이쪽저쪽으로 나눌 수 있는 것일까요? 미기후(microclimate)를 연구한 사람에 의하면 겨울바람은 언덕이나 나무와 같은 자연의 장벽이나 건물, 담, 조경물 등과 같은 인공장벽으로 인하여 도로의 양쪽에서 부는 방향이 서로 다를 수도 있습니다. 토양을 조사해 봐도 표층토나 하층토가 모두 달라서 한 쪽은 큰 돌과 자갈이 섞인 것인데 반해 또 한쪽은 비옥한 토양이기도 합니다. 그리고 지형까지도 서로 많이 달라서 한 쪽은 평탄한데 다른 쪽은 급경사로 떨어져 있을 수도 있습니다.

어떤 건축의 대지는 깊은 숲의 일부인 반면에 도로 건너편의 대지에는 전혀 수목이 자라지 않을 수도 있습니다. 100피트(30m) 정도 밖에 떨어져 있지 않은 이 두 대지에 있어서 기능상의 요구 사항이 같다고 하더라도 각기 다른 공간, 형태, 그리고 구조를 필요로 할 수도 있습니다. 즉 대지가 건물의 모양을 규정짓는 것입니다. 특히 이 점을 강조해 두고 싶습니다.

한 지역 안에서 국지적인 조건들은 대단한 차이를 보일 수도 있지만 본래 건축자재의 입수 가능성, 평균적인 기후 또는 지형적 조건, 그리고 생활양식 등에서 비롯된 지역적 특성이라는 개념에서 어느 정도의 타당성이 있습니다. 현대의 기술이 이들 본래의 조건들을 극복할 수 있어서 이제는 같은 방식을 적용하려 들지는 않지만 이러한 지역적 특성을 인식한다는 것은 감수성 있게 다루어진 현대건축을 이해하는데 도움이 될 것입니다.

6-2 빛 (Light)

건축은 공간이나 형태에 못지않게 빛에도 의존하고 있습니다. 말하자면 빛이 형태에 색칠하여 눈에 인식되게 합니다. 문틈으로 어두운 방안을 들여다보면, 검은 어두움을 볼 뿐입니다. 전등 스위치를 넣으면 그제야 공간을 보게 됩니다.

빛은 공간과 형태의 촉매라고 할 수 있습니다.

공간과 형태를 체험하려는 사람은 빛의 유무에 따라 다른 신호를 받게 됩니다. 이 신호에 따라 건축이 생기게 되는 것입니다.

거실에 인접하여 거실과 같은 크기의 온실이 있고, 유리벽으로 두 공간이 구획되어 있다고 합시다. 밤에 거실의 불이 켜지고 온실의 불은 켜지지 않았을 때 그 사이의 유리는 광택 있고 검은 불투명의 벽이 됩니다. 그러나 온실 쪽에 불을 켜면 공간은 순간에 두 배의 크기로 되고 두 개의 방은 일체가 됩니다. 첨가된 빛이 정경을 바꾸어 놓은 것입니다.

빛이 형태에 어느 정도 영향을 주는가 하는 것은 낮과 밤의 대비를 보면 명백해집니다. 외부의 빛이 줄고 내부의 빛이 더해지면 형태가 달라집니다. 뉴욕의 시그람 빌딩은 밤에는 조소적 형태에서 골격적 형태로 변합니다. 낮에 조소적 형태를 취하고 있는 로스앤젤레스의 어떤 건물은 밤에는 평면적 형태로 변합니다. 낮에는 그저 평범했던 많은 건물도 밤에는 거대한 전등처럼 되는 것이 있는가 하면, 낮에는 주위를 위압할 정도로 시각적으로 강했던 건물도 밤에는 몰래 없어진 것처럼 느껴지는 수도 있습니다. 창이 없는 건물에서도 외부 형태는 낮과 밤에 달리 보이는데, 그것은 밤에 밑에서 위로 향해 비추는 스포트라이트가 위에서 비추는 낮의 태양광선과는 다른 형태를 보여주기 때문입니다.

뉴멕시코 주에서의 태양광선과 메인 주의 태양광선은 아주 다릅니다. 예를 들면 강렬하고 높은 태양과 눈부신 하늘 아래의 뉴멕시코의 건물들은 형태를 명확히 보이게 하는 높은 조도의 빛을 받지만 태양이 비교적 낮고 약한 메인 주에서는 색채의 대비가 낮에 건물 형태를 돋보이게 하는 데 중요한 역할을 합니다. 해가 일찍 지는 겨울에는 창으로부터 흘러나오는 전등 빛은 건물의 외형을 드러나게 하는데 도움을 줍니다. 이들 창들은 귀중한 겨울 태양 볕을 실내에 끌어들이는 역할도 합니다. 기온, 습도, 바람, 그리고 우량의 차이와 함께 빛의 차이가 있기 때문에 특정의 지역이나 지역 내의 특정의 대지에 맞추어서 건물이 이루어져야 한다는 분명한 이유가 성립되는 것입니다.

건축가나 그와 협력하는 조명설계자는 태양이나 전구에서 직접 빛을 내는 직접조명과 물체를 비추기 전에 일단 다른 표면에 반사시켜 비추는 간접조명의 미묘한 차이를 알고 있습니다. 그들은 어떻게 하면 재료의 질감이 과장되고 어떻게 하면 감소하는가를 알고 있으며, 또 어떻게 하면 형태가 전등 빛이나 햇빛에 의해 강조될 수 있는가도 알고 있습니다. 방법은 단 한 가지, 즉 자연광선이 제 구실을 할 수 있도록 하는 것입니다.

거대한 분묘를 건설했던 고대 이집트인들은 조각가나 화가들이 작업하던 깊은 터널 속에 빛을 반사시켜 넣기 위하여 거울을 사용했을 것입니다. 그때 기름등잔을 썼다면 그 절묘하게 새겨 그린 벽화는 그을음으로 검어졌을 것입니다.

이집트 사람들은 3,000여 년 전에 이미 고창(clerestory)을 사용한 조명방법을 발명했습니다. 고창이란 벽과 지붕 사이에 만들어진 개구부로 그곳을 통해 실내로 깊게 광선을 끌어들일 수 있습니다. 실제로 이집트의 신전 중에는 태양과 하늘로부터 빛을 얻기 위하여 60피트(18m) 높이에 고창을 설치한 것도 있습니다.

수 세기 후에 그리스의 건축가들도 이와 같은 기법을 썼으며, 로마, 인도, 그리고 고딕 시대의 유럽인들도 같은 기법을 썼던 것입니다.

어느 시대를 막론하고 건축가들은 자연광선을 깊은 공간에 이르게 하기 위하여 높은 창들을 디자인해 왔고, 높을수록 좋다고 생각했으며, 대성당들은 가장 높은 창을 갖고 있었습니다. 19세기 중엽에는 천창이 실내를 실외와 같이 밝게 하는 방법으로서 인기가 있었는데, 1851년 런던 박람회를 위하여 설계된 수정궁(Crystal Palace)은 이런 종류의 건물로서는 가장 큰 것으로 그 면적은 77만 평방피트(23만 평방미터)나 되었습니다.

19세기에서 20세기로 넘어갈 무렵에 특히 공장과 같이 큰 바닥 면적을 가진 건물을 필요로 하게 됨에 따라 톱니모양의 지붕이 나타났습니다. 이 시기와 거의 같은 때는 영국의 건축가들의 자연광선을 취하는 기술은 매우 세련되어 있었습니다. 미국에서는 1940년대 자연채광에 대한 연구가 활발해졌고, 1950년대에 와서는 플라스틱 천창을 넓게 쓸 수 있게 되었습니다. 그리고 최근의 기술 발달에 따라 반투명의 테프론 피막처리가 된 유리섬유에 힘입어 제한을 받지 않는 거대한 풍선(부풀릴 수 있는 이른바 공기막 구조)이 출현하게 된 것입니다. 맑게 개인 날 이렇게 피막으로 캡슐화된 내부공간의 조도는 무려 600촉광이나 됩니다.

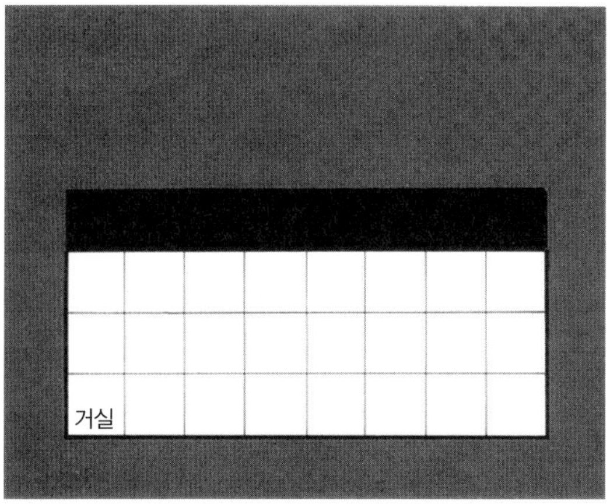

전등을 끈 테라스

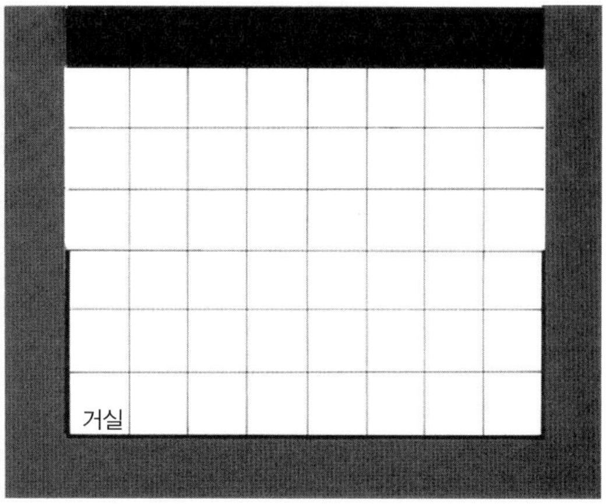

전등을 켠 테라스

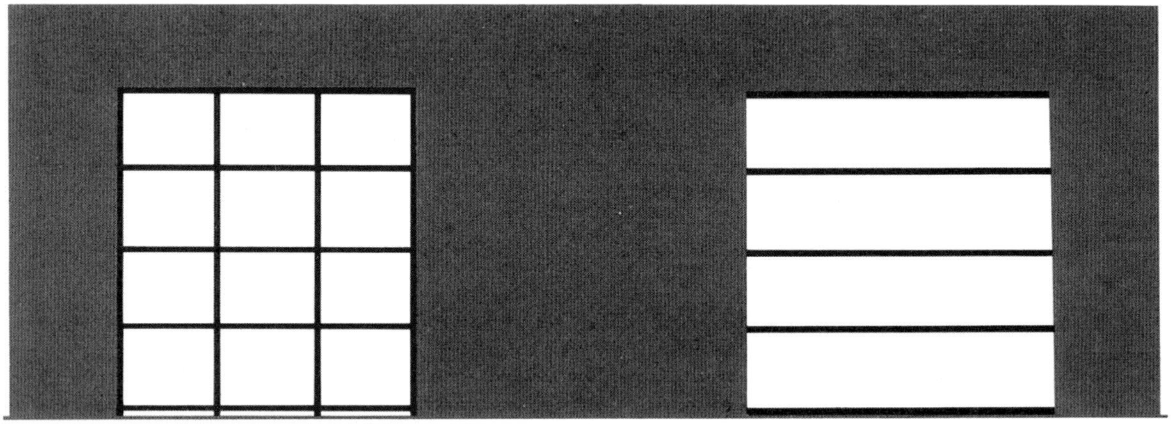

자연채광은 예술이고 또한 과학입니다.

자연채광을 예술로 다룬 현대의 거장들로는 라이트, 르 코르뷔지에, 카안 등이 있습니다. 그들은 태양의 성향과 이 태양 하에서 건물이 어떠해야만 하는가를 알고 있었습니다. 그들은 일반 조명과 함께 특수한 채광효과를 써서 아름다운 분위기를 만들어냈습니다. 미학적 견지에서 전기에 의한 조명은 자연광에 비견할 수 없습니다.

전기조명 시스템이 작업에 적당한 광량을 주고 있으나 노동자에게 쾌적한 느낌을 주는 데는 태양광선 쪽이 훨씬 좋습니다.

자연광이 좋다는 것은 그것이 끊임없이 변하기 때문이다. 변화에 있어서 다양하고 풍부한 특성을 지니고 있습니다. 빛의 변화에 따라 색이나 질감, 그리고 모양 및 형태까지도 변화됩니다. 하나의 작은 광선이 온 방안의 분위기를 침울한 상태에서 즐거움에 넘치게 변화시킬 수도 있고, 설교대나 벽걸이 또는 조각 작품에 햇빛이 와 닿도록 만들어진 작은 창은 시판되는 어느 조명기구보다도 효과적입니다. 햇빛이 늘 비치는 것은 아니지만, 일단 비치기만 하면 벽에 뚫어 놓은 창은 그만한 값어치가 있는 것입니다.

실내공간에 대한 자연채광의 비중은 과거 수 십 년간의 역사를 보더라도 건축가에 따라 차이가 있었습니다. 1950년대 미이스의 신봉자들은 자연채광에 별로 치중하지 않았으며, 1960년대 카안의 신봉자들은 반대로 자연채광을 중요하게 여겼고, 1970년대에 들어와서도 자연채광은 공간과 형태의 예술적 표현수단으로서 중요시 되었습니다. 자연채광의 예술은 아직도 살아있고 건재합니다.

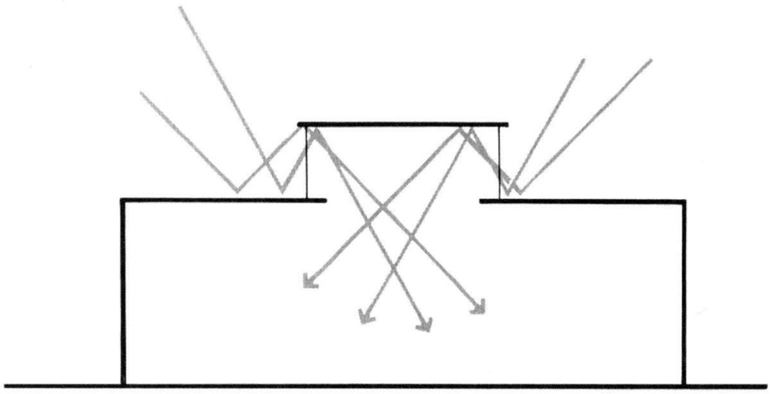

고창

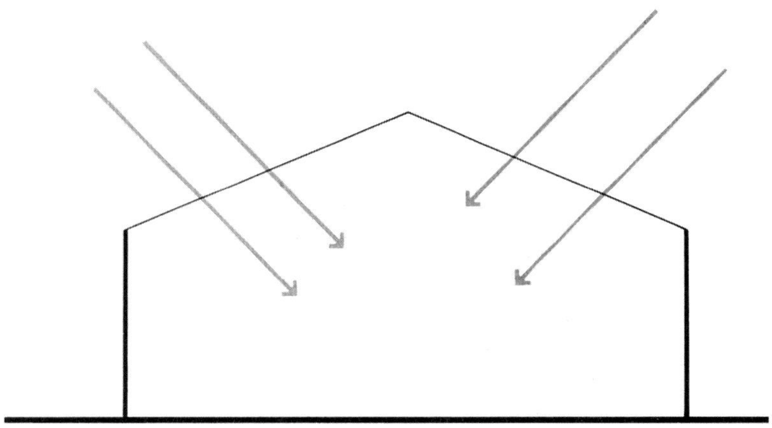

천창

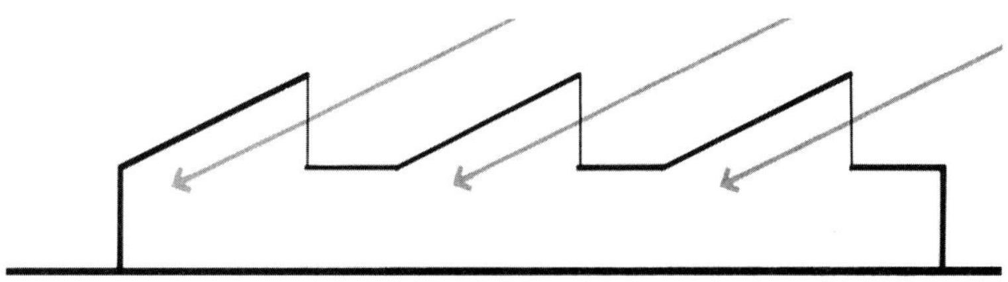

톱니창

그러나 자연채광의 과학은 잘못 인식되어 19세기 중반에 영국인들이 발달시킨 자연채광의 과학은 전구의 발명 이후 자취를 감추고 말았습니다. 1920년대와 1930년대에는 서투른 과도기적 시기로서 적절히 기능을 다할 만큼 충분한 전기조명도 없었으며, 또한 자연광을 충분히 이용할 수 있는 과학도 없었습니다.

133

134

위의 사진은 휴스턴의 갤러리아(Galleria)이고, 아래의 것은 미네아폴리스의 크리스털 코트(Crystal Court)인데, 큰 성공을 거둔 이들 쇼핑몰에서는 햇빛과 하늘의 밝기를 적극적으로 이용하여 훌륭히 그 기능을 다하고 있다. 천창을 통해 부드럽게 내리쬐는 햇빛은 쇼핑 나온 사람들에게 확실히 건축적 체험을 더하게 한다.

135

136

(135, 136번 사진) : 채광은 예술이고 과학이다. 이 미시건주의 주택에서 건축가 버커츠(Gunnar Birkerts)는 예술과 과학이 잘 조화되도록 하고 있다. 버커츠는 1960년대에 잃어버린 채광의 과학에 대한 관심을 다시 불러일으킨 건축가들 중의 한 사람이다. 건축의 감상은 생기 있고 늘 변화하는 자연의 빛이 이루는 환경과 밀접한 관계를 갖고 있다.

(다음 페이지) : 1950년대에 CRS는 과학적 채광에서 선구적 역할을 하였다. 그것은 텍사스 A & M 대학의 인공 천공장치(artificial sky) 안에서 시험된 유리를 적절히 사용하여 이루어졌다. CRS는 낮에는 자연채광 이외에는 인공조명을 필요로 하지 않는 학교를 설계하였는데, 고도로 발달된 기술 덕분에 교육자들이 원하는 만큼의 넓은 학습공간을, 그것도 눈부심이 없는 균등한 자연채광을 갖출 수 있었다. 태양광선을 이용했기 때문에 전기보다 매우 경제적이었고, 1950년대에 지어진 이 학교건물은 에너지절약형 건물이기도 했다.

이들 1950년대의 학교 건물은 그들이 자연적 수단으로 채광을 하고 있었기 때문에 경쾌하고 즐거운 분위기였다. 건축가들이나 교육위원회 관계자들이 창 없는 학교를 주장하는 것은 안 되는 일이었다.

그들은 아이들에게는 어른들보다 시간이 늦게 가는 것처럼 생각된다는 것을 이해하지 못했던 것이고, 프랑스의 과학자 르콘테 듀 누이(Leconte Du Nouy)는 별로 알려져 있지 않았으나 건축적으로는 중요한 이 사실을 발견하였다. 예를 들면 10세 아이의 한 시간은 40세 된 어른 1시간의 3배에 상당하다는 것이다. 10세의 아동이 학교에서 6시간을 보낸다면 그것은 40세 된 성인의 18시간에 해당된다.

137

138

139

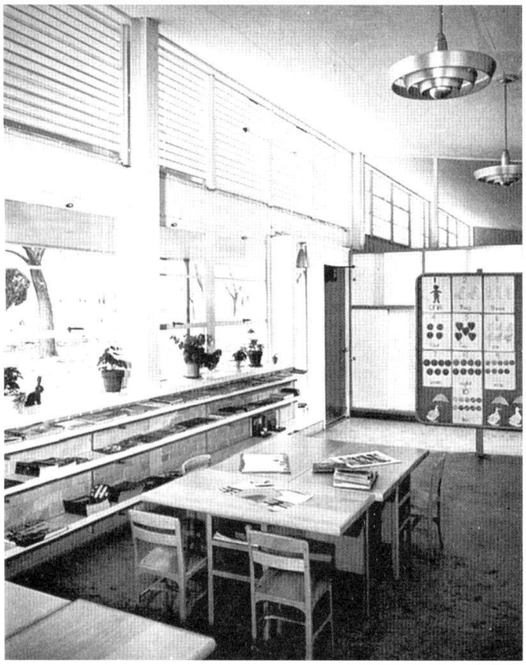

140

여기서 보여 주는 학교는 모두 하늘과 태양으로부터 동적인 광선에 의하여 심지어는 복도까지도 자연채광이 되고 있다. 그러므로 낮에는 전등을 켜 놓을 필요가 없으며, 에너지를 절약할 수 있다. 인공적인 수단으로 조명되고 창 없는 학교에 아이들을 보낸다는 것은 재고해야 할 일이며, 에너지 낭비이기도 하다.

1940년대에서 1950년대에 와서야 비로소 자연채광에 대한 과학이 다시 일기 시작하였습니다. 자연채광이 부각된 것입니다. 이때 새로이 유행된 것은 고대 이집트식의 고창이나, 빛을 반사하는 루버, 천장 등을 쓴 2방향 또는 3방향에서 채광된 방이었습니다. 1950년대에는 자연채광이야 말로 대단한 관심사였습니다.

이와 같은 자연채광의 부활에 관하여 주목해야 될 사실은, 새로운 기술에 의하여 천장을 낮게 하고, 결과적으로 실내의 볼륨을 적게 할 수 있으며, 건설비와 난방 유지비를 감소시킬 수 있게 되었다는 것입니다.

1950년대 중반에 공기조화장치가 보급되기 시작하였고, 전기료도 저렴해졌습니다. 이 때문에 창이나 자연채광은 점점 사라지고 사람들은 변화가 없고 따분하게 전기 조명된 천장 밑에서 창문이 없는 상자 안에서의 생활을 시작했던 것입니다. 즉 자연채광의 과학은 인기가 없어진 것입니다.

카안과 같은 몇몇 건축가들은 완전히 인공적인 환경으로 치닫는 경향에 저항하기도 했으나 자연채광의 예술은 패배를 하지 않을 수 없었습니다.

그러나 카안은 옳았습니다. 오늘날의 에너지 위기는 자연채광이야말로 건물의 설계에 있어서 가장 고려해야 할 사항이라는 것을 말해주고 있습니다. 그리고 더욱 중요한 것은 사람들은 자연채광에 의한 쾌적성을 가슴 속 깊이 바라고 있다는 것입니다.

내부공간에 자연적인 방법을 써서 채광함으로써 이색적이고 쾌적한 효과를 얻을 수 있다. 이것은 첫째, 태양과 구름의 움직임에 따라 공간에 생명감을 불어 넣는 빛 자체에 의하여, 둘째로 재미있고 신선한 새로운 형태를 만들어 주는 스카이라이트(천장)의 디자인에 의하여 이루어졌다.

7. 심리적 환경 (Psychological Environment)

오늘날의 건물은 혼자서 설계하기에는 너무 복잡합니다. 그래서 전문가들로 구성된 팀을 필요로 하게 되었습니다. 르 코르뷔지에도 만년(晩年)에 가서는 그의 팀에게 공식적으로 일을 맡겼으며, 실제로 그가 세상을 떠나기 직전에는 설계과정 중 지침을 해석하기 위한 수단으로 컴퓨터의 연구에 몰두하기도 했습니다.

요즈음 건물에 쏟는 사고력이나 창조성은 많은 전문가들에 의하여 이루어진 것이 통합된 형태로 나타나는 것으로 그 전문가들이란, 개념적 단계를 다루는 디자이너, 건물의 유형을 다루는 전문가, 프로그래머, 인테리어 디자이너, 조경 설계가, 토목 기술자, 적산기사, 건설시스템 전문가, 음향 기술자, 기

지난 20년간 건물은 더욱 복잡한 것이 되었다. 텍사스주 휴스턴에 있는 존스 무대예술관(142번 사진)은 천진스러울 정도로 단순하다. 이러한 단순일변도의 입면의 배후에는 칸막이벽 자체의 내부, 천장의 상부, 그리고 무대의 주변에 전함에 필적할만한 기계와 전기설비가 있다. 애리조나주 메사 템페의 데서트 사마리탄 병원(다음 페이지)은 보는 사람의 눈을 속이고 있다. 의학의 진보에 따라 병원은 크고 복잡해져서 과학 장비로 꽉 찬 초대형 연구실과 같은 성격을 띠게 되었다. 만약 건물이 해결해야 될 문제에 대하여 조금이라도 이해를 한다면 그 건물을 감상하는 깊이는 그만큼 더하게 될 것이다. 존스 예술관은 바이올린처럼 조율될 수 있으며, 사마리탄 병원은 환자가 좀 더 빨리 쾌유되어 퇴원할 수 있도록 도우려 하고 있다. 두 건물은 어느 쪽이나 상관없이 모두 그리 쉽지 않은 문제의 해결을 도모하고 있는 것이다.

143

계설비 기술자, 전기설비 기술자, 공사관리 전문가, 시방서 작성 전문가, 공사 행정 담당자 등등 무수히 많습니다. 그런데 설계단계에 참여하게 된 건축팀의 가장 새로운 멤버는 보통 심리학자 또는 사회학자로 불리는 행동과학의 전문가들입니다. 1960년대 중반, 이들 전문가들이 참여하게 된 이래 건축가들 사이에는 그들에 대하여 큰 관심을 가졌습니다. 애매하고, 추상적이며, 아름다운 그러나 지극히 막연한 어휘들을 즐겨 쓰던 건축가들은 행동과학자들이 만들어내는 주옥같은 말들을 듣게 되었습니다. '여유 있는 행동을 위한 장치', '강제력', '행동 인풋(input)', '지각된 환경', '지각된 밀도', '환경의 질', '전체론적 시야', 그리고 '인간행동에 유효한 환경' 등이 바로 그것입니다.

그러나 건축가들은 잠시 다른 경우를 생각해 보았습니다. 행동과학자들이 자신들의 영역을 침식하려는 것은 아닐까? 그들이 아예 모든 것을 맡아서 독차지하려는 것은 아닐까? 또는 물리적인 요소를 지나치게 강조하는 경향이 있는 설계 팀에게 그들은 보다 균형을 잡아줄 수 있지 않을까? 문이 열리는 방법만 가지고도 사람들을 고독하게 만들거나 사회적인 연대성을 느끼도록 하여 그들의 행복을 좌우할 정도로 건축이 중요하다는 것을 발견해낸 행동과학자들을 두려워하고 있는 것은 아닌가 하고 여러 가지로 생각해 본 것입니다. 실제로 미술관에서 문짝의 중요성이 그림이나 조각품 또는 사람들과도 경합되듯이 생각하는 경우도 있습니다. 어떤 건물은 자살자들에게 자살을 조장하게 할 수도 있고 어떤 것은 막을 수도 있습니다. 둥근 방은 사람들 사이의 사회적인 접촉을 더하게 해주며, 양로원에 있는 노인들을 관찰해 보면 복도의 끝에 사는 노인이 일찍 사망하는 경향이 있습니다.

새로이 입주한 건물에서 이용자들은 배움을 통하여 새로운 환경에 적응해 갈 수 있다. CRS 사무실의 건물에서 사람들은 옥상에 차를 주차시키고 거기서부터 사무실로 내려오게 되어 있다. 사무실로 올라가는 것이 보통이기 때문에 처음에는 혼란이 있었으나 내려오는 것에 익숙하도록 함으로써 혼란을 극복하게 되었으며, 사람들은 몇 번의 실수를 거친 후, 차를 타려면 주차되어 있는 옥상에 '올라가야' 된다는 것에 익숙하게 되었다.

건물은 사람들의 행동에 영향을 미칩니다.

건물은 확실히 중요합니다. 그러나 이용자의 만족이나 욕구불만에 관해서는 이용자의 동기, 운영방법, 정책 등이 더 중요하며 건물은 그 다음에 해당된다는 것에 사회학자나 심리학자들은 일치된 의견을 갖고 있는 듯합니다. 그렇다고 건물이 중요하다는 전제가 무너지는 것은 아닙니다. 사람들은 공간이나 형태에 대해서 적극적으로 반응하는 경우도 있고 소극적으로 반응하는 경우도 있습니다. 그러므로 건물은 이용자가 어떻게 반응하는가를 알고 있는 건축가에 의하여 설계되어야 합니다. 더욱 중요한 것은 건축가들은 물리적 환경에 대한 이용자의 욕구를 만족시키기 위해서 어떻게 할 것인가, 특히 이용자가 빛, 소리, 촉감, 냄새와 같은 감각적 자극에 어떻게 반응하는가를 알아야 합니다.

145

물리학자이며, 행동과학자인 포어스터(Heinz von Foerster)는 최근 젊은 건축가들 사이에서 인기 있던 맥루한(Marshal McLuhan)보다 더 영웅시되는 사람으로 1975년 애틀랜타시에서 만난 건축가들에게 다음과 같이 말한 적이 있습니다.

우리가 환경을 지각할 때 실은 우리 자신이 그 환경을 발명하고 있는 것입니다.

이것은 매우 기본적인 얘기입니다. 실제로 건축가들은 그들이 생각하고 바라는 것처럼 물리적 환경을 '발명'하지는 않았고, 건축가 자신, 이용자 자신이 발명하는 것입니다. 포어스터는 이 점을 다시 다음과 같이 강조하고 있습니다. '당신 자신이 지각하지 않는 것은 지각되지 않았습니다.' 바꾸어 말하면, 당신이 보지 못한 것은 알지 못하고 있다는 얘기입니다.

그러므로 만약 어떤 건물이 좋지 않게 느껴지면 왜 그 건물을 좋아하지 않았는가를 생각해야 합니다. 그리고 항상 염두에 두어야 할 것은 사람과 건물이 서로에게 영향을 주고 있다는 것입니다. 당신과 건물, 즉 그 양쪽이 필요한 것입니다. 만약 당신이 감정적으로나 지성적으로 침체된 상태라고 하면 그 건물도 '죽은 것처럼' 있을 것입니다. 그리고 무엇인가 지각할 의사가 있다면 어떻게 하면 건물과 자신이 상호 작용하는가를 익히고, 전적으로 관심을 가져야 할 것입니다.

그런 경우, 한 가지 방법은 건물을 사람 대하듯이 하는 것입니다. 그 건물이 당신을 사랑하고 있는가? 또는 미워하고 있는가? 그것은 뚱뚱한가, 날씬한가? 당신을 위협할 만큼 사나운가 또는 아주 온순한가? 위력을 보이려고 과시하고 있지는 않은가? 신경질적이어서 당신마저 신경과민으로 만들고 말 것인가? 또는 오히려 마음을 가라앉혀 줄 것인가? 우호적인가, 아니면 저속할 정도로 꾸밈이 많은가? 자존심을 갖고 있는가? 사교적인가 비사교적인가? 이런 것들을 생각해 보아야 합니다.

건물의 이용자는 건물과 상호작용하고 건물에도 영향을 미칩니다.

윈스턴 처칠(Winston Churchill)은 "우리는 건물을 만들고 그 다음에는 건물이 우리를 모양 지어갑니다"라는 유명한 말을 남겼습니다. 그의 말은 당연하지만 거기에 몇 가지 더 첨부할 것이 있습니다. 즉

146

건축 자재는 많은 것을 말해 준다. '나는 차갑다', '나는 따스하고 친근하다' 등 시각적인 메시지를 전해준다. 이 사진은 애리조나주 투손의 피마대학으로서 콘크리트와 강철 패널이 주로 사용되었는데, 설계를 한 건축가들은 콘크리트가 주위의 사막의 색이나 질감을 연상케 하여 학생들이 따스한 느낌을 갖게 될 것으로 생각했으며, 복도의 강철 패널은 차갑게 느낄 것으로 생각했었다. 그러나 생각과는 달리 학생들은 강철 패널을 따스하게 그리고 콘크리트를 차게 느끼고 있다는 것을 알고 건축가들은 몹시 놀란 적이 있다.

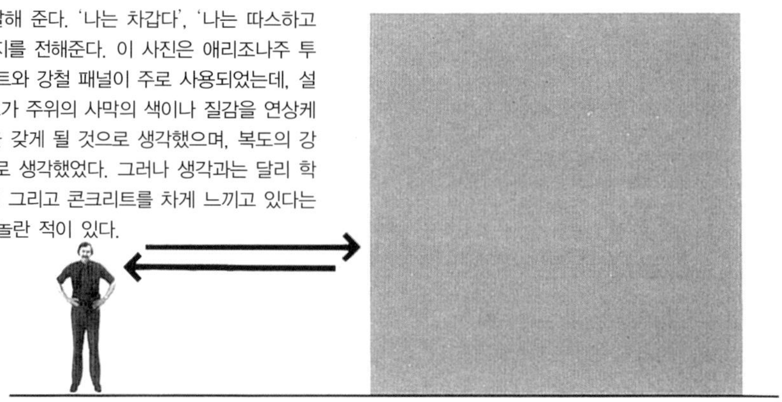

건물과 사람은 상호 작용을 한다. 당신은 건물에게 작용하며, 건물은 당신에게 작용한다.

사람들은 다만, 환경을 지각하고 환경에 반응할 뿐만 아니라 환경과 서로 영향을 미친다는 것입니다.

새로운 건물은 그것을 이용하는 사람들의 마음에 꼭 든다고는 할 수 없으며, 이용자들은 종종 자신들에게 맞도록 내부를 변경하기도 합니다. 실제로는 그들의 환경을 재구성하는 것입니다. 심지어 감옥에 있는 죄수는 벽에 무엇인가를 끼적이면서 자신의 개성을 확립하려고 하며, 또 아파트에 사는 사람은 페인트나 그림으로 환경을 변화시키려고 합니다.

경영자는 사무실에 손을 대어 환경을 바꾸려고 합니다. 실제로 사무실 건물에서 공간의 가변성에 대한 개념, 즉 오픈 플래닝은 사람들과 공간이 달성해야 할 여러 가지 목적에 따라 서로에게 잘 적응되도록 의도된 것입니다.

그러나 모든 사람들이 한 가지 반응만을 보이지는 않습니다. 자신의 집이 마음에 든다고 해서 이웃 사람들도 역시 좋아할 것이라고 기대하지 않아야 합니다. 설계팀 중에서 행동과학자가 사람들의 가치체계 차이를 알아내도록 해야겠지만 그것은 결코 쉬운 일이 아닙니다. 이용자 및 경영자, 소유자, 그리고 구경나온 사람이나 방문자까지도 자신의 과거 경험, 지식, 그리고 인격형성 과정에 따라서 전혀 다른 상호작용을 건물과 하게 되는 것입니다.

그러면 일반 사람들은 어떤 것을 선호하는지 알아야 합니다. 우선 대부분의 사람들은 건축가들이 좋아하는 그런 건물을 별로 좋아하지 않는다는 것입니다. 사람들은 과거의 경험에 따라 평가하게 되며, 그것은 충분히 실험된 믿을 수 있는 형태에 큰 가치를 부여하고 있다는 것을 말합니다. 그러나 그들에게 배우고 발전할 수 있는 시간만 주어진다면 그들은 최초에 내린 평가를 조금씩 바꿀 수 있을 것입니다. 따라서 새롭고 우리에게 익숙하지 않은 형태를 두려워 할 필요는 없습니다. 파리의 에펠탑도 처음에 세워졌을 때는 대부분의 사람들이 싫어했으며, 뉴욕의 유엔본부 건물도, 브람스의 교향곡 제2번도 그랬습니다.

나오자마자 일반 대중에게 받아들여진다는 것이 훌륭한 미술, 음악, 그리고 건축의 기준이 된다고 말하기는 어렵습니다. 왜냐하면 즉시 받아들여진다는 것은 이미 오랫동안 확립된 형태에 대한 추구에서 비롯되기 때문입니다. 형태란 오래되면 쉽게 싫어지기 마련이고, 겨우 현 상태만을 유지하기 위한다는 것은 예술이나 과학의 발전을 저해하는 것입니다. 그러므로 사람들이 즉시 좋아하거나 항상 좋아할 새롭고 타당성 있는 건축의 형태를 만들어 낼 수 있다면 그것은 건축가에게는 더없이 훌륭한 업적이라고 할 수 있습니다.

위대한 예술과 마찬가지로 위대한 건물은 감상의 수준을 한층 높여줍니다.

행동과학자들의 가장 가치 있는 공헌은 아마도 형태에 영향을 주는 가치나 목표, 그리고 개념을 건축가들이 결정하는 데 도움을 준 것일 것입니다. 건물에 물리적인 확고한 형태를 주는 제반 요소들, 즉 형태 결정 요인들은 건축도면이 시작되기 전에 파악되어야 합니다. 이 단계에서 설계팀 가운데의 행동과학자들이 큰 공헌을 하게 되며, 그들은 건물이 제 구실을 다하는가를 조사하는 단계에서도 또한 필요하게 됩니다.

앞으로도 건축가와 행동과학자들의 협동은 그 깊이를 더하게 될 것입니다. 건축가들은 당신에 대하여 더 많은 것을 알아야 하며, 당신은 건물의 이용자로서 그 만큼 중요성을 갖고 있습니다. 요컨대 가장 중요한 것은 당신과 건축의 상호작용인 것입니다.

당신이 건물을 판단하려고 할 때 가장 중요시하는 것은 무엇인가?

건물을 판단하려고 할 때, 우선 의도했던 목적에 얼마나 적절한가를 확인해야 합니다. 훌륭한 건물, 위대한 건물이 되기 위해서는 어떤 보편성 있는 척도가 있어야 합니다. 예를 들면, 지금 입주하는 사람은 프라이버시를 원하지 않을지 몰라도 다음 세대에 가서는 원할 수도 있습니다. 그러므로 건물은 가변적인 어떤 융통성을 가지고 있어야 합니다.

음악당, 박물관, 병원, 그리고 특히 학교와 같이 많은 수의 이용자가 사용하는 큰 건물들은 각자의

147

(위) : 건물이 준공되었을 때 행하는 의식은 깊은 역사적 뿌리를 갖고 있다. 그것은 새로운 건물이 얼마나 중요한가를 보여주는 것이며, 사람들이 필요로 하는 기능을 건물이 어떻게 다할 수 있는가를 보여준다. 이 사진은 뉴멕시코주 주니의 한 병원 준공의식을 찍은 것으로서, 이 병원은 특히 인디언 마을의 보건과 의료 향상을 위해 건설되었다. 이러한 행사는 많은 사람들에게 이 건물이 소유된다는 부대적 의미를 갖게 한다. 소유한다는 것은 건축의 발생을 야기시킨다.

(117~118페이지) : 만약 건물이 이용자의 기대에 못 미칠 때, 사람들은 종종 그들이 원하는 방향으로 변경하게 된다. 다시 말하면 그들은 환경에 변경을 가하여 그들에게 '귀속'되도록 하는 것이다. 건물은 사람들을 위한, 그리고 사람들의 것이므로 변화하는 인간의 요구에 적합하도록 되어 있지 않으면 안 된다. 건축가들은 흔히 건물을 지나칠 정도로 완벽하게 마감하려는 경향이 있어서 이용자들이 손을 댈 여지가 없는 경우가 많다. 그러나 이용자들은 건물이 사무실이거나 학교, 아파트이건 간에 '자신의 둥지'로 만들어 자신의 근거지로 만들어야 하며, 소유 감각도 갖고 있어야 한다. 117 페이지 사진의 헛간 소유자가 왜 이런 그림을 그려 넣었는가를 알게 되면 퍽 재미있을 것이다. 여기에는 충분한 이유가 있고 그것은 다른 헛간들과 다를 바 없는 자신의 헛간을 개성이 있는 것으로 만들려고 했음에 틀림이 없다.

118페이지의 사진에서 학생들이 그들의 집회실을 군 잉여물자인 낙하산 천으로 새롭게 단장한 것에 주목하고, 그들이 전보다 얼마나 더 공간을 음미할 수 있을 것인지에 대해 생각해 보자. 이제 그것은 그들 자신의 공간인 것이다.

개성에 영향을 미칩니다. 개인은 대집단 가운데에서 그의 개성을 잃는다고 합니다. 여기서 문제가 되는 것은 도대체 얼마만큼의 사람들의 집단이면 각자의 자기의 개성과 자기의 이미지를 유지할 수 있느냐 하는 것입니다. 그 해답은 사회학이나 조직심리학적 측면에서 나와야 할 것입니다. 그래서 그 해답은 우선 집단의 크기에 영향을 미치고, 다음에 건물 안에서의 공간편성에 영향을 줄 것입니다. 예를 들면 500명의 집단이라면 이 경우 각자는 자기의 개성을 갖고 구분될 수 있다는 답이 나올 것입니다. 2,000명의 집단을 다루는 것이 문제가 되는 경우 500명씩의 4개 집단으로 나누는 것이 행동과학적 해결입니다. 따라서 건물은 4개의 다른 집단을 4개의 명확한 단위 건물로 분산시켜 수용하게 됩니다. 그러므로 분산화된 학교나 병원을 보게 되는 경우에 옳거나 그르거나 간에 이 분리된 물리적 형태의 이면에는 그 나름대로의 이유가 있음을 이해해야 합니다. 그 이유라는 것이 도대체 무엇인지 궁금할 것이며, 그것을 알게 되면 건물을 감상하는 데 도움이 될 수도 있습니다.

149

새로운 건물을 처음 방문했을 때의 일을 생각해 보십시오. 그때 어디에 있는지 길을 잃은 듯이 느껴지지는 않았는지? 어떤 건물에서는 방문객들이 몇 발자국 들어가지도 않았는데 방향감을 완전히 잃어버리는 경우도 있습니다. 그러나 이들 건물들도 아마 방문객을 맞아 그들을 돌보도록 설계되었을 것이고, 방문객을 맞아들이는 것이 중요하다면 건물이나 건물군은 명료하고 알기 쉬운 통로를 만들어 주어야 할 것입니다. 미궁에 빠진 느낌을 적게 하는 방법 중 하나는 중정, 분수, 조각물과 같은 무언가 눈에 띄는 기준점을 건물에 두는 것이 좋습니다. 이용자 입장에서 본다면 건물 안에서 방향감을 잃지 않도록 한다는 것은 어느 건물에서나 바라는 것입니다.

건물을 분석하려는 노력은 어느 것이나 그만한 값어치가 있습니다. 그렇게 함으로써 자신도 많은 것을 배울 수 있는 것입니다.

7-1 소유 (Ownership)

무엇을 소유한다는 심리에 대하여 잠깐 생각해 봅시다.

왜 사람들은 자신의 집이 좋다고 생각할까? 거의 압도적인 이유는 그것이 '그 사람 자신의 집'이기 때문일 것입니다. 그 사람은 집을 법적으로 소유하고 있지 않고 다만, 세들어 있을 수도 있습니다. 그러나 어떤 형태로든지 그 집은 그에게 속해 있으므로 '그 사람 자신의 집'인 것입니다. 새로운 건물의 설계를 몸소 진행시키고 있는 사람이나 헌집을 사서 자신의 육체적, 감정적, 지성적 요구에 맞게 고친 사람은 그 건물에 대하여 강한 애착을 갖고 있는 것이 일반적이며, 그것이 바로 소유의 감각인 것입니다.

건물과 관련된 인간의 가치는 흔히 소유와 관계가 있습니다.

이러한 애착이야말로 건축이 생기게 되는 하나의 길이기도 합니다. 우리가 건물을 '소유'한다는 것은 무엇을 말하는 것인가? 그것은 건물 안에서 방 하나를 '소유'하는 것과 같은 것입니다. 즉 그의 영토이고, 부동산의 일부분이며 또한 그의 보금자리로써 그 안에서 편안함을 느끼는 것입니다.

어떤 사람이 자신의 아들의 시끄러운 록 뮤직 소리와 부인이 하루 종일 텔레비전 앞에 앉아 있는 것이 싫어서 피난처로서 차고를 자신의 방으로 꾸몄다고 합시다. 엔지니어인 그가 새로 꾸민 방은 주로 그의 남다른 오르간 음악 컬렉션을 감상하는 장소로서 방음장치도 잘 되어 있고 소리의 반향도 적절하며, 보기에도 그의 개인적인 취향과 아주 잘 맞아 여러 면에서 성공적이었습니다. 그에게는 이 방이야말로 훌륭한 거처이고 '그 사람 자신의 장소'인 것입니다. 그에게는 그것이 바로 건축인 것입니다.

(150번 사진) : 학교는 아무리 아름다운 프로포션이나 자극적인 색을 갖추고 훌륭한 기술로 이루어졌다 하더라도 안에 아무것도 없으면 건축이라 할 수 없다.

아동들이나 교사들이 건축을 활성화하는데, 그것은 건축이란 건물과 이용자 사이에서 일어나는 화학적 현상과 관련되기 때문이다. 건물의 이용자가 건물을 좋아하게 되면 건축은 존재하며, 그 이용자는 그 건물을 자신의 것으로 받아들여 공간과 형태를 자신의 이익과 즐거움을 위해 적응하도록 해나갈 것이다. 만약 이용자가 그 장소를 소유하고 있다고 느끼게 되면 그것은 그의 영역이 되고 그때 비로소 건축은 이루어진다.

150

어떤 여자 손님이 이 방에 처음으로 들어갔다고 합시다. 그 여성은 시각적인 무질서와 야한 색채, 그리고 전체에 흐르는 천박한 취향에 놀라고 말 것입니다. 그녀에게는 참으로 처참한 광경이고, 결코 건축이라고 말할 수 없을 것입니다.

어느 쪽이 옳을까? 남자인지 아니면 여자 손님인지 둘 중 한 사람에게는 건축이 그곳에 존재하지만 손님에게는 그렇지 못한 경우입니다. 그러나 두 사람 다 옳다고 할 수도 있습니다. 왜냐하면 건축에 대한 정의를 돌이켜 보면 **건축이란 개인적이고 즐거운 불가결한 체험이기 때문입니다.** 다행인 것은, 이 경우에 남자의 개인 방이며 그 자신이 어떻게 생각하느냐 하는 것이 중요합니다. 그에게 건축은 거기에 있고 그는 그 방을 자랑스럽게 생각하며 또 자신이 직접 만들어 자신의 생각대로 잘 되었던 것입니다.

그러면 다음과 같은 질문에 어떻게 대답하겠는가? 즉 어떤 사람이 자신의 방을 좋아한다고 해서 이것을 성공적이라고 말할 수 있는가? 그러면 그것을 건축적이라 할 수 있는가? 그 사람은 두 질문에 모두 '예'라고 답할 것입니다. 그러나 건축이란 개인적인 소유의 감각 그 이상의 것이 아니겠는가? 물론 그렇습니다. 그러나 건축에 대한 정의에 따라 그가 건축이 존재한다고 생각하면 건축이 존재하는 것입니다. 아마 어떤 것을 건축이라고 하는 데 있어서 개인적인 감정적 반응뿐만 아니라 객관적인 판단의 요소가 있어야 한다고 주장할 것이고, 그 주장은 맞습니다. 그러나 그 사람의 판단은 낮은 수준의 평가기준에 의해서 이루어지고 있으며, 반면에 그 손님 쪽은 위대한 건물을 체험하는 많은 기회를 갖고, 높은 수준의 평가기준을 지니고 있는 듯합니다. 그래서 그녀에게 그 방은 결코 건축이 아닌 것입니다.

앞의 제5장에서 언급한 "양식의 모방은 나쁘다"고 한 것을 다시 기억합시다. 그러나 사람들 중에서는 나쁜 것인데도 불구하고 좋아하는 사람들도 있다는 것을 알 것입니다. 그들은 역사적 양식에 관한 여러 가지 지식을 갖고 있지 않습니다. 앞에서 예로 든 한 남자의 경우처럼 '모르는 것이 약'이라는 상황에 있는 것입니다. 그는 그 방과 비교할 수 있는 다른 곳을 알지 못하기 때문에 자신의 피난처인 자기 방에 만족하고 있는 것입니다. 말하자면 보다 높은 수준의 평가기준이 없기 때문입니다.

또 그 사람이 다소나마 자기인식과 통찰력을 갖고 있다면 그가 자신의 방을 좋아하고 있는 것은 실은 그곳이 그가 컨트롤할 수 있는 유일한 장소이기 때문이라는 것을 간파할 수 있으리라고 말할 것입니다. 그것만 갖고도 그에게는 건축이 존재할 충분한 이유가 될 수도 있습니다. 그래서 그의 공간이야말로 꼭 그를 위해 맞춰진 특별한 성질을 갖고 있다고 잘못 알고 있을 수도 있습니다. 그러나 그가 잘못 알고 잘 알고 있건 간에 그 공간을 좋아한다면 그것으로 충분하며 건축은 존재하는 것입니다.

우리는 다른 사람의 낮은 수준에는 참을 수 없으면서도 자신이 하는 행위의 평범함에는 너그러워지는 것이 일반적입니다.

그 남자의 방은 그에게는 심벌일 수도 있습니다. 그의 이웃 중에는 그런 방을 갖고 있는 사람이 별로 많지 않아서 이러한 사실이 그로 하여금 다른 사람들 보다 위에 있다고 느끼게 하는 것입니다.

7-2 상징주의 (Symbolism)

건물의 형태가 심벌처럼 된 것도 있습니다. 즉 교회의 뾰족탑은 심벌입니다. 뾰족탑이 없으면 기독교 교회가 아니라던 때도 있었습니다. 그 밖의 종교적 심벌에는 이슬람교의 미나렛(minaret)이라고 하는 뾰족탑, 러시아의 양파형 돔 또는 1920년대에 미국의 성서지대(Bible belt)에 급속히 퍼졌던 십자가가 없는 상자형 '침례교회' 등이 있습니다. 19세기에서 20세기로 전환한 시기의 은행 건물들은 그리스 신전처럼 굳건하고 당당해 보여야만 했습니다. 그것은 누가 감히 신전을 털어 갈 것인가 하는 생각에서 비롯된 것일 것입니다. 요즈음 어떤 아파트 건물들은 건축가였던 망사르(Francois Mansart)의 망령을 머리 위에 쓰고 프랑스의 성채처럼 보이게 하려 합니다. 그 프랑스 성채의 서투른 모방이 우아한 생활의 심벌인지 또 상징적인 향수인지 모릅니다.

창조성의 발전에 역행하는 향수적인 운동이 정기적으로 일어나지만 그 모방된 양식은 오리지널에 비하여 더 좋기는커녕 같아 본 적도 없습니다. 예를 들면 그리스 양식의 부흥도 오리지널과는 비할 바가 못 되었으며, 고딕양식의 부활도 고딕 대성당에 어울리지 못했습니다.

유럽 사람들은 미국의 초고층 건물들을 '상업의 신전'이라는 심벌로 보고 있습니다. 1920년대에는 아무리 작은 소도시에서든 초고층 건물 하나쯤은 갖고 있어야 한다고 생각했으며, 그것은 발전의 심벌이었고 그것을 갖지 못한 도시는 경시되었습니다. 1960년대에 중상층의 가정은 성공의 심벌로서 교외 및 도심지에 예전 영국의 전원저택을 닮은 주택과 그 앞에 주차된 캐딜락 자동차를 갖고 있었습니다. 지금도 캐딜락이 대형 승용차인 밴으로 바뀌었을 뿐 별로 달라진 것은 없지만 때때로 가짜를 만드는 엉터리 짓을 하는 것은 인간의 본성이기도 합니다.

가짜－엉터리 짓은 논리적 형태를 침식하고 말 것입니다.

151

(122~125페이지의 사진) : 일반적으로 상징주의는 모든 사회의 건물에 침투되어 있다. 건물 자체가 상징이 될 수도 있으며, 허세를 부리는 호화저택은 그 가족의 부의 상징인 것이다. 하나의 단일형태가 상징적인 의미를 가질 수 있어서 뾰족탑은 천국을 지향하는 것을 암시한다(뾰족탑을 뜻하는 spire는 aspire, 즉 큰 뜻을 품는다거나, inspire, 즉 영감을 준다는 데에 관계가 있다). 이러한 심벌, 즉 상징은 눈에 보이는 것에 의하여 눈에 보이지 않는 것을 표현하려는 것이다. 주의회 의사당의 돔은 주정부의 권력을 나타내며, 고층 사무실 건물은 힘을 나타낸다. 또 뾰족한 아치는 이슬람 신앙의 심벌인 것이다.

154

그것은 과거에도 그래왔고 앞으로도 그럴 것입니다. 사려 깊은 몇몇 건축가들, 특히 로버트 벤추리(Robert Venturi)나 데니스 스콧 브라운(Denis Scott Brown)은 이런 가짜-엉터리 짓은 현실이고 나쁜 것도 아니라고 말하고 있습니다.

이들 학구적인 건축가들에 의하면 장식 과다인 베르사유 궁전풍의 화분이나 겉모양만 따른 망사드 지붕, 구조적인 의미가 없는 회반죽을 바른 아치, 모양으로만 걸쳐 놓은 계단 등은 모두 사회적인 지위를 말해 주는 것이라고 할 수 있습니다. 이러한 것들이야말로 지나치도록 정연하게 계획된 주택지와 그들이 보여주는 단조롭기 그지없는 시각적 질서에 생기를 주는 심벌들이라고 할 수 있으며, 논리적인 것은 진부한 것일 수 있다고 주장합니다. 그들의 주장에는 일리가 있습니다. 저속한 것이 마음을 따스하게 해주고 자아를 만족시켜 주는 것이 있을지도 모릅니다. 그러나 어떻든 이 저속한 것들이 판을 치고 있어서 라스베이거스에서 도로변의 상업개발지역이나 휴스턴에서의 정면만을 그럴 듯이 꾸며 놓은 즉석문화수용식의 연립주택 등을 어디서나 볼 수 있습니다. 당신이 살고 있는 도시에서는 어떠한가?

만약 이런 종류의 것들을 사람들이 원하고 또 좋아한다면 어떻게 하겠는가? 그것이 건축을 얻는 데에 필요한 것이라면 그대로 둘 수밖에 없습니다. 사람들은 이런 것을 좋아해야 한다고 멋대로 생각하는 건축가들보다 사람들이 어떤 건축을 갖고 경험하느냐가 더 중요한 것입니다. 그러나 가짜-엉터리 짓으로 가득한 문화 속에 산다는 것은 먼 안목으로 볼 때 결코 유익한 것이 못 됩니다. 그것이 계속되고 있는 동안에는 재미있을 수 있지만 그것은 오래 지속되지 않습니다. 여기서 더욱 중요한 것은,

가짜-엉터리 짓은 문화의 얄팍함을 폭로하는 격입니다.

발전된 형태의 문화는 진정한 음악, 진정한 시각예술, 진정한 무대예술이 필요하듯이 진정한 건물을 필요로 합니다. 가짜-엉터리 짓을 받아들임으로써 자신의 직업상 책임을 포기하고, 신념이나 목표를 값싸게 팔아넘기고도 아무렇지도 않은 건축가들이 많습니다.

어떤 건축가들은 건물은 '그 시대를 구체적으로 표현해야 한다.'고 주장합니다. 듣기에는 그럴 듯하지만, 만약 '그 시대'라는 것이 사회적인 격동이나 전쟁의 위기 또는 환멸의 시대라면 어떻게 하겠는가? 그 시대를 반영하여 지극히 불안스러워야 한다는 얘기인가? 이것은 무엇인가 잘못된 철학에서 비롯된 것으로서 언젠가는 사라질 것입니다. 그 시대를 상징한다고 하더라도 도대체 누가 그 불안스러운 건물 안에서 살고 싶겠습니까? 불안스럽고 신경이 약한 사람에게 필요한 것은 조용히 쉴 수 있는 안전한 분위기이며, 건축가들은 이러한 분위기를 만들어 줄 수 있습니다.

(p.126 사진) : 이 사진의 건물(오클라호마시티의 멈머즈 극장)에 대하여 좋다 나쁘다를 결정하기 전에 우선 1972년 이 건물에 상을 수여한 위원회가 말한 바를 알아 둘 필요가 있다. '이 복합체 전체가 훌륭하게 기능을 다하고 있다. 더욱이 이것은 특이하고 신선하며 자극적인 건축작품으로 합리적이면서도 매우 재치 있으며, 기계적이면서도 즐거울 정도로 인간미가 있다.'라고 했으나 이 건물을 좋아할 필요는 없다. 다만, 이 건물의 설계자인 존 요한슨(John Johanson)은 이 건물을 좋아하는 동조자들을 갖고 있다는 것을 말해준다. 아키텍처럴 포럼(Architectural Forum)지 1971년 3월호는 "연극이 미국에서 하나의 예술 형태로서 텔레비전이나 영화 사이에서 생존하려면 하이 스타일이나 로(low) 스타일을 함께 포함하여 오늘날 미국의 상황을 생기 있고 힘차게 표현함으로써 이루어질 수 있다"고 쓰고 있다. 연극과 관련된 건물이나 사람들은 어려운 시기를 지내왔으나, 그럼에도 불구하고 이 극장은 그대로의 영향력을 견지하고 있다. 이 건물은 거칠고 다듬어지지 않은 그런 건물이지만 연극 그룹들이 무엇이나 할 수 있는 그런 곳이기도 하다. 불안하면서도 흥미를 자극시키며, 어느 면에서는 엉터리에 걸치레 투성이 처럼 보이기도 한다. 그러나 연극이란 본래 그런 것이 아닐까? 자문해 보자. 연극을 행하는 건물은 그 안에서 일어나는 일을 상징해야 하는 것은 아닐까? 그 건물은 배우나 무대 디자이너에게 영감을 일으키도록 해야 하는 것은 아닐까? 이러한 건물은 우리를 상식적 사고의 굴레에서 벗어나게 한다. 물의를 빚는 새로운 건물이 나타났을 때 관용을 베푸는 마음을 갖고 판단하기 전에 충분히 연구해야 한다. 나중에 그 건물이 혁신적이고 오래 지속될 가치를 갖고 있다고 증명될지도 모른다. 유명한 그림이나 음악작품 중에는 처음 일반에게 발표되었을 때 받아들여지지 않은 것들이 많았다. 무책임한 상상과 의미 있는 창조성과를 분별하도록 노력해야 한다.

개인의 개성을 나타낼 수 있는 혁신적인 활력, 솔직한 양식, 위엄, 따스함, 그리고 편리한 생활 등을 두루 갖춘 도시 주택, 콘도미니엄, 아파트, 단독주택 등이 많이 있다는 것은 고마운 일입니다. 현재는 가짜－엉터리가 판을 치고 있지만 그것도 얼마 안 가서 제 갈 길로 돌아설 것입니다. 그렇지만 비논리적인 형태는 항상 존재하게 될 것이며 이에 대비해야 할 필요가 있습니다.

7-3 색채 (Color)

색채의 심리학에 대하여 잠시 생각해 봅시다.

붉은 벽은 전진하는 것처럼 보이며, 푸른 벽은 후퇴하는 것처럼 보입니다. 대부분의 건축가들은 학생 시절에 이러한 현상을 배워서 알고 있을 것입니다. 그리고 이러한 현상을 느끼지 못한다고 해서 걱정할 필요는 없습니다. 한 번도 증명된 일이 없기 때문입니다. 요컨대 사람들은 각기 다르기 때문에 붉은 벽을 대하고도 자신의 과거 색채 경험과 색에 대한 감수성에 따라 다른 사람들과는 전혀 다른 반응을 나타내는 것입니다.

색채는 그것을 지각하는 주체와 별도로 생각할 수 없습니다. 미국의 미술가이고 교육자인 조세프 알버스(Josef Albers)는 50명의 학생들을 같은 거리에 내보내고 '코카콜라의 붉은색'과 같은 붉은색을 찾아오게 했는데 무려 50종의 다른 답을 얻었다고 보고하고 있습니다. 이런 일은 흔히 있는 일로 학자들은 계속 연구를 하고 있습니다.

실내의 온도를 변화시키지 않고 실내 색채를 가지고 안에 있는 사람이 따스하게 느낄 수 있는 가능성에 대하여 학자들은 큰 관심을 갖고 있습니다. 그들은 많은 사람들을 상대로 하여 이것을 증명할 수 있을지도 모릅니다. 만약 누군가가 '불타는 듯한 붉은색'이라고 어떤 색을 표현하면 당신에게 그것은 더운 색으로 보일 수 있고, 어떤 색을 '즐거운 노랑색'이라 한다면 정말 즐겁게 보일 것이며, '서늘한 녹색'이라고 이름 붙이면 아마 그것도 믿게 될 것입니다.

그것은 보고 확인하여 믿기보다는 믿고 난 후에 보기 때문에 그렇게 보일 뿐입니다.

암시하는 표현이 그렇게 믿도록 유도하는 것입니다. 그러나 모든 사람들이 반드시 그런 식으로 본다고 할 수는 없습니다. 여기서 중요한 것은 당신이 색을 어떻게 보느냐 하는 것입니다. 자신과 자신의 색에 대한 심리적 경향을 알면 알수록 당신과 건물에 대한 이해를 깊게 할 수 있습니다. 그러므로 건축을 감상한다는 것은 건물과 자신 사이의 화학작용에 관계한다는 것을 늘 염두에 두십시오.

로스앤젤레스에는 광택이 있고 푸른 건물이 하나 있습니다. 상당히 논쟁을 일으켰던 건물이지만 이 건물을 설계한 건축가는 '왜 푸른 집으로 설계가 되었나요?'라고 묻는 질문에 '붉은색이 더 좋게 보일까요?'라고 대답했다고 합니다. 이 건물은 기능, 형태, 경제성, 시간이라는(색채를 제외한) 모든 평가기준에 따라 건축가들 사이에서 높이 평가되고 있습니다. 이 건물이 푸른색이 아니고 빨강, 노랑 또는 핑크색으로 처리되었다고 해서 당신의 평가에 차이가 올까? 이것은 상상에 지나지 않지만, 만일 이 건물이 백색으로 처리되었다면 이 건물을 싫어하는 대부분의 사람들이 좋아하게 되었을지도 모릅니다. 따라서 건물에서 색채란 그만큼 중요한 것이며, 당신에게 선택의 여지가 있는 것입니다.

색채는 그것을 지각하는 주체인 당신으로부터 떨어져서 생각할 수 없습니다.

색채에 관한 미래의 충격에 대해서 충분한 마음의 준비를 하는 것이 좋겠습니다. 건축가들은 '회색 위에 또 회색', '흰색 위에 또 흰색'이라는 배색에 싫증을 느끼고 있습니다. 펜실베이니아주의 알렌타운에는 외부에는 적색과 청색, 내부에는 청색과 황금색으로 된 한 의학센터가 있습니다. 이들 색채는 당신에게는 무엇을 의미하는가? '느린 죽음' 또는 '빠른 쾌유'라고 생각하게 하는가? 건축가들은 색채 그 자체가 아름다운 것만큼이나 아름다운 이론적 해석으로 색채를 다루려고 합니다. 거기에는 귀를 기울일 만한 가치가 있으며 색채의 이해에 도움은 안 될지 몰라도 색채에 대한 선입견은 바뀔 수도 있습니다. 그리고 색채에 대한 전문가는 아닐지라도 자신에 대해서는 전문가입니다. 그렇다고 색채에 대해서 공부하는 것을 그만두라는 것은 아닙니다. 색채에 대하여 알면 알수록 건축을 감상하는 데 즐거움이 따르기 때문입니다. 색채는 감정적 반응과 물리적인 반응을 불러일으킵니다. 물리적이라고 하면 암녹색 방을 희게 칠해 보십시오. 그러면 실내의 조도는 훨씬 높아질 것입니다.

건축가들은 색채가 매우 흥미로운 현상을 일으킨다는 것을 알고 있습니다. 건축주들은 작은 색견본을 가지고 큰 면적에 칠해질 색을 결정할 때마다 대부분이 속게 됩니다. 같은 색상과 밝기를 갖는 색도 밖에서 볼 때보다 실내에서는 훨씬 달라 보이는 것입니다. 또 색은 직접 광선이냐 간접 광선이냐에 따라 달라 보이며, 이른 아침과 한낮에도 달라 보입니다. 크기에도 문제가 있어서 같은 색이라도 면적의 크고 작음에 따라 달라집니다.

어떤 면화품질시험소가 몇 개의 재배지로 구성된 하나의 지역을 관리하고 있었습니다. 어떤 해에 수확된 면화는 품질이 매우 낮았는데, 그때는 등급을 색깔의 흰 정도를 보고 결정하였습니다. 농부들은 왜 질이 낮게 나왔는지 물어왔습니다. 토양도, 종자도, 강우량도 그전 해와 실질적으로 다른 것이 없었다는 것입니다. 누군가가 결국 그 의문점을 해결해야 했었는데, 면화 품질시험소의 북쪽 큰 창이 높은 판자울타리에 면해 있었고 그 울타리가 그 해에는 붉게 칠해졌었습니다. 그래서 그 붉은 색이 시험소 안으로 반사되어 면화가 붉은 색을 띤 탓으로 덜 희게 보여 결국 낮은 품질로 판정을 받았던 것입니다.

물리적 효과에 대한 또 하나의 예가 있습니다. 미국 남서부의 한 도시에 있는 대회의장에는 밝은 오렌지색 융단을 깐 큰 식당이 있는데, 벽과 천장은 처음부터 모두 백색으로 되어 있었습니다. 그러나 오렌지색 융단을 깔고 나서부터는 이들 백색이 이전과 같은 백색이 아니었습니다. 특히 천장의 영향이 커서 전등을 켜서 전등 빛이 바닥을 비추면 융단은 빛을 천장에 반사시켜 현저한 오렌지색으로 변해버린 것입니다.

한 통의 페인트가 크게 영향을 주어 물리적 환경을 변화시키기도 합니다. 1950년대에 학교를 설계하는 건축가들이 '교사의 벽돌색'을 밝고 생기 있는 색채로 바꾸어 사용하기 시작했을 때 아동들은 주위의 환경에 좀 더 흥미를 갖기 시작하게 되고 많은 교사들의 증언에 의하면 공부에 더욱 흥미를 갖게 되었다고 합니다. 아동들이 단조롭고 칙칙한 낡은 환경으로부터 훌륭하게 만들어진 새로운 건물로 옮긴 후 그 중 한 아동이 "이것이 우리가 사는 집이라면 좋겠는데"라고 말했습니다. 그 아이는 소원을 모두 이룰 수는 없었지만 낮에 자기 집에서 보내는 시간보다도 이 새로운 학교에서 보내는 시간이 더 많아졌습니다. 3학년생인 한 아동은 교실을 두고 그 때가 추운 겨울인데도 "이건 꼭 봄날과 같아"라고 말했다고 합니다. 즉 색채가 이런 일을 한 것입니다.

감정적 측면과 물리적 측면은 모두 색채에 대하여 어떻게 반응하는가를 고려하는 데 매우 중요한 것입니다. 이 두 측면을 더 알면 알수록 건축을 체험하는 데 있어서 색채를 더 잘 감상할 수 있게 될 것입니다.

8. 사회적 필요성 (Social Needs)

건물은 여러 면에서 그 국민의 문화를 잘 보여줍니다. 이것은 원시민족이거나 발달된 사회에 모두 적용됩니다. 뉴기니의 외로운 섬의 원주민 건물과 영국 국민들의 건물을 비교해 보십시오. 중앙아메리카, 중부아프리카, 스칸디나비아 제국, 일본, 그리고 미국의 주택들을 연구해 보면 각 나라마다 각기 다른 사회적 차이를 갖고 있음을 알게 될 것입니다. 이 차이는 필요로 하고 있는 것과 바라고 있는 것의 차이일 것입니다. 미국의 교육제도에 생소한 사람이 미국을 방문하게 되면 미국에만 있는 소위 커뮤니티 칼리지가 많이 있는 것을 보고 놀라게 됩니다. 이것은 미국 사회가 얼마나 공공교육에 많은 비중을 두고 있는가를 말해 주는 것입니다. 유럽에서는 음악당의 크기가 귀족들을 위한 작고 아담한 것에서 비롯하여 2천 또는 3천명을 수용하는 대규모의 것에 이르기까지 여러 가지를 볼 수 있는데, 이것은 무대예술의 감상이 궁정 엘리트로부터 일반 대중에까지 널리 퍼져 있음을 보여줍니다. 이들 대음악당들은 민주사회에 있어서 문화적 가치 및 적어도 중산층의 부의 증가를 뚜렷이 보여 주는 것입니다.

(130~131페이지의 사진) : 미국은 건국 당시부터 교육에 높은 비중을 두고 있었으며, 커뮤니티 칼리지라는 것을 발명하여 고교교육 이후의 교육문제를 해결하는 데 기여하도록 했는데, 이 움직임은 1960년대에 완전히 정착하게 되었다. 즉 건물들은 사회가 당면한 문제를 어떻게 다루고 있는가를 분명히 말해 주고 있다.

156

157

158

159

160

우리들은 전형적인 통근자가 자신의 집에서 직장에 가고 고속도로나 혼잡한 뒷길로 돌아오는 데 소비하는 시간에 대하여 알고 있다. 오고가는 데는 될 수 있으면 유쾌하고 단조롭지 않아야 하고 에너지도 절약되어야 한다. 고속철도에 의하여 교통문제를 해결하려는 샌프란시스코와 같은 몇 개 도시의 부단한 노력에도 불구하고 자동차는 계속 도시를 파괴하고 있다. 고속도로나 일반도로가 막히는 도시에서는 건축이 제 기능을 발휘할 수 없다. 도시에 사는 사람들도 시골에 사는 사람들과 마찬가지로 건축에 대한 권리를 갖고 있다. 그들은 목적과 질서를 갖고 달리는 기차의 흥분을 맛볼 수 있고 대규모의 스케일로 건축을 이루게 할 수도 있다. 그러나 자동차를 기피한다고 해서 문제가 해결되지는 않는다. 기차나 역도 사람들과 친근해야 하는 것이다.

인구가 농촌에서 도시로 이동할 때 건물은 이 변화를 반영합니다. 독립주택에서 공동주택, 도시주택, 콘도미니엄으로 변하는 것은 토지의 부족, 교통문제, 물가앙등 등만을 반영하고 있는 것은 아닙니다. 집단을 이루어 모여 살려는 욕구도 또한 건물의 형식이나 형태의 변화를 가져오게 합니다. 최근 도시에서 교외로 나가려는 경향을 볼 때, 본래 이주민으로 구성되었던 나라인 미국에서는 아직도 국내에서 이주를 계속하고 있는 것이 아닌가 하는 생각이 듭니다. 미국 사람들은 보다 나은 직업과 환경을 찾아 항상 이동하고 있는데, 이것은 앞에서 말한 겉치레의 외관을 갖춘 도시 주택을 설명해 주기에 충분하며, 이들 유랑하는 사람들은 인스턴트 지붕(roofs) 뿐만 아니라 인스턴트 문화의 뿌리(roots)도 찾으려 하고 있는 것입니다.

사회는 건물에 영향을 주고, 건물은 사회에 영향을 줍니다.

길모퉁이마다 있는 주유소는 사회가 주요 교통수단으로서 자동차에 대하여 얼마나 그 가치를 높이 평가하고 있는가를 명백히 말해 주고 있습니다. 그리고 자동차는 수송수단 이상의 것으로서, 말하자면 심벌이라는 것도 말해줍니다. 모든 사람들은 그들이 누구든지 간에 자동차를 갖고 있어야 하고 그래야만 그들은 불편 없이 다닐 수 있습니다. 자동차를 비바람과 도난으로부터 보호하기 위하여 차고에 넣고 잠그는 풍조는 사람들이 점차 자동차에 의존해 간다는 것을 말해 주는 것이며, 건물은 이러한 상황들을 대변해줍니다.

수영장이나 조명이 있는 테니스장, 독신자 클럽, 식당 등을 완비한 아파트 단지와 콘도미니엄이 늘어가는 것은 생활양식의 큰 변화를 나타냅니다. 여기저기에 생기는 새로운 교회는 종교계에서 어떤 일이 일어나고 있는가를 정확히 알려주고, 새로운 테니스 클럽이 계속 늘어가는 것을 보면 레크리에이션 분야에서 무엇이 일어나고 있는지를 알게 해주는 것입니다. 1960년대와 1970년 초에 걸쳐 세워진 많은 병원을 보면 정부의 건강관리에 대한 열의를 또한 알게 될 것입니다. 새로이 건설된 노인 마을들을 방문해 보면 어떤 일이 일어나고 있는지를 인구통계를 보는 것보다 더 잘 알 수 있고, 새로운 공장에서는 공업화된 공정에 인간적인 접근방법을 반영한 '사람들을 위한 장소'를 볼 수 있으며, 또 장시간 방문할 곳은 못되지만 새로워진 소년원에서는 원생들을 사회로 복귀시키려는 철학이 최근 어떻게 달라졌는가를 쉽게 알아차릴 수 있습니다.

건물은 훌륭한 웅변가로서 무엇이 필요하고, 사회가 필요에 어떻게 대처해 나가고 있는지를 잘 보여줍니다. 1950년대와 1960년대의 건설붐은 사회적 요구를 만족시키려는 시도였으며, 보다 많은 사람들에게 필요한 만큼의 지붕이라도 덮어 주어야 한다는 물리적 필요성이 최대의 요구였습니다. 그러나 사람들의 태도변화도 그에 못지않을 정도의 강한 추진력을 갖고 있었습니다.

모든 사람들을 돌보려는 것은 세계2차대전 후의 꿈이었습니다.

이러한 경향은 사회의 모든 면에 걸쳐 이루어졌습니다. 이 꿈이 현실에 가장 가깝게 나타난 것은 교육이었으며, 그 다음이 보건문제였습니다. 학교를 보게 되면 교육 분야에서 무엇이 일고 있는지 알게 됩니다. 미국에서는 교육개혁이 그보다 좀더 일찍 시작되었지만 가장 중대한 시기의 하나는 1950년대로 존 듀이(John Dewey)는 교육개혁의 철학적 지도자로서 두드러진 존재였습니다. 그는 행동한다는 데 중점을 둔 학교를 원했고, 요새와 같은 성곽을 쌓던 옛날의 스코틀랜드 건축가들은 '그릇은 담아지는 물건과 걸맞은 것이라야 합니다.'는 격언을 쓰고 있었는데, 듀이도 학교 건물은 학교의 교육 내용에 맞게 이루어져야 한다고 말했을 것입니다.

161

162

베이비붐에 이어 학교붐이 일어났다. 아키텍처럴 포럼지의 더글러스 하스켈(Douglas Haskell)은 1950년대의 상황을 "아이들의 작은 발들이 땅을 진동시키고 있다."라고 표현하고 있다. 미국의 건축가들은 이에 대처하였는데, 아이들의 머리 위에 지붕을 씌워 주는 것은 결코 쉬운 일이 아니었으나 교육자들은 더 많은 것을 원했다. 그들은 학교가 능률적인 교육용 기계처럼 움직여 주길 바랐으며, 거기에 학습에 큰 도움이 되는 인스피레이션(inspiration)이 넘치는 장소가 되기를 원하였다. 즉 그들이 실제로 원한 것은 아이들을 위한 건축이었던 것이다.

163

164

164

166

집중적으로 건설의 움직임이 학교에서 병원쪽으로 옮겨진 것은 1960년대였다. 거의 모든 커뮤니티에 병원이 하나씩은 세워졌는데 그 중에는 건축적 가치를 지닌 것들도 있었다. 그 이전의 병원에서는 환자나 그들의 가족, 친지들은 불결하고 냉랭하며 감옥과 같은 건물에서 참고 견뎌야 했다. 그러다가 결국 환자의 입장에서 생각하는 사람들이 나타났고 보다 쾌적한 환경에 보다 능률적인 공간이 탄생하게 되었다.

9. 경제 (Economy)

건물이란 프로그램이나 기능상 요구되는 제반 문제들에 대한 해답이라고 할 수 있습니다. 그 본래의 취지는 건물이 이들 요구 사항에 적절하게 대처하여 예배당이거나 텔레비전공장이던지 간에 이용자가 원하는 바를 할 수 있도록 돕는 것입니다. 어느 경우에든 항상 기능의 능률성이라는 것을 고려하지 않으면 안 됩니다. 건물은 기능을 갖고 해야 할 일을 잘 할 수 있어야 한다는 것입니다. 대부분의 사람들은 별로 의식하지 않고 있으나 또 한 가지 고려해야 될 것은 경제성입니다.

경제란 최소한의 수단으로 최대의 효과를 얻는 것입니다.

9-1 단순성 (Simplicity)

경제란 단순성을 의미합니다.

바우하우스(Bauhaus)는 1919년 독일에 생긴 디자인 학교였는데, 그곳에서는 단순성을 디자인 철학의 일부로 강조했지만 바우하우스가 생기기 훨씬 전부터 단순성에 대한 필요성은 논의되었습니다. 1897년 아돌프 루스(Adolf Loos)는 "그 나라의 문화 정도가 낮을수록 장식은 지나쳐 진다"고 말한 바 있으며, 그보다 5년 전에 루이스 설리번(Louis Sullivan)은 "아무런 장식이 없는 아름다운" 건물에 대하여 말한 바 있습니다. 또 설리번에 앞서서 1850년에 호레이시오 그리노(Horatio Greenough)는 "여분의 것은 벗겨 버리고 불필요한 것은 떼어 버리며 꼭 필요한 것만을 가장 단순한 표현으로 축소하게 되면 그때 가서야 우리는 아름다움을 발견하게 된다."라고 말했습니다. 이들은 시각적인 경제성을 주장한 것입니다.

이들과 전혀 반대되는 생각은 복잡한 것이야말로 더 값지게 보인다는 경향으로 단순성은 쉽게 싫증이 난다는 것입니다. "Less is more(적다는 것은 더 많다는 것을 뜻한다)"가 아닌 "Less is bore(적다는 것은 싫증이 나기 쉽다)"라고 생각하는 것입니다. 그들에 의하면 단순한 건물은 흥분과 생동감이 없으며, 건물은 모호성을 갖고 있어야 하고 모호성이 없으면 신비스러운 느낌이나 시각적 흥분도 없고, 직설적이고 고지식하며 명쾌한 디자인상의 해결은 어떠한 지적 자극도 줄 수 없다는 것입니다.

복합성과 그에 관련된 모호성에 관한 얘기는 로버트 벤추리(Robert Venturi)가 1966년에 발간한 「건축의 복합성과 모호성(Complexity and Contradiction in Architecture)」이라는 책에서 주장한 바 있습니다. 물론 건물 중에는 풍부한 표현을 가져야만 하는 것도 있으며, 복합성이나 약간의 모호성을 갖고 있어야 하는 것도 있을 것입니다. 미이스가 필립 존슨(Phillip Johnson)과 함께 설계한 뉴욕의 시그램(Seagram) 빌딩은 어둑해질 무렵 내부의 조명이 외부 격자의 윤곽을 뚜렷하게 해줄 때 이중적이라고는 말할 수 없지만 모호한 성격을 띠게 됩니다. 불과 몇 분 사이에 거대한 건물이 그의 전체 형태를 조소적 형태에서 골격적 형태로 변화시키는 것을 보는 것은 실로 감동적인 체험입니다. 그러나 여기서 분

(167번 그림) : 이것은 현대건축의 걸작으로 알려진 뉴욕의 시그램 빌딩으로서 필립 존슨과 협동하여 미이스에 의하여 설계되었다. 1958년에 건설된 이래 건물 전체의 품위 있는 단순성과 정교한 세부마감으로 불후의 가치를 견지해 오고 있다.

167

169

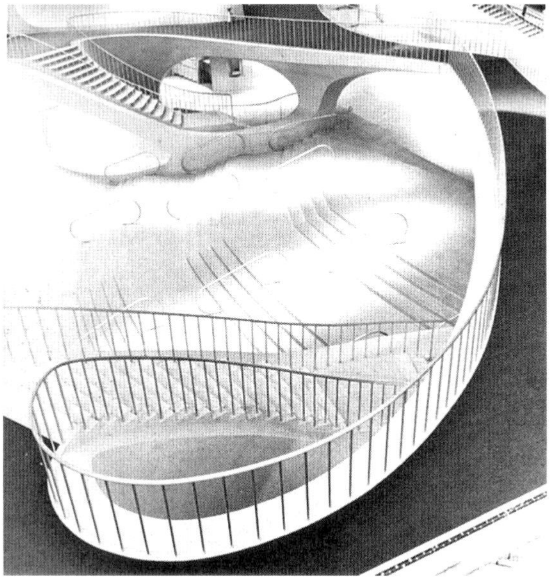

168

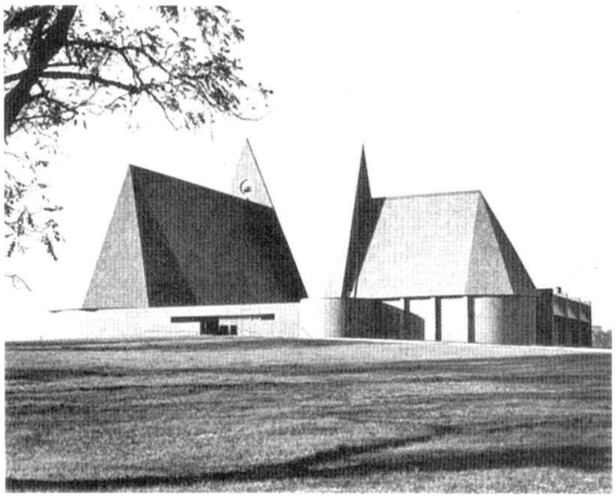

170

171

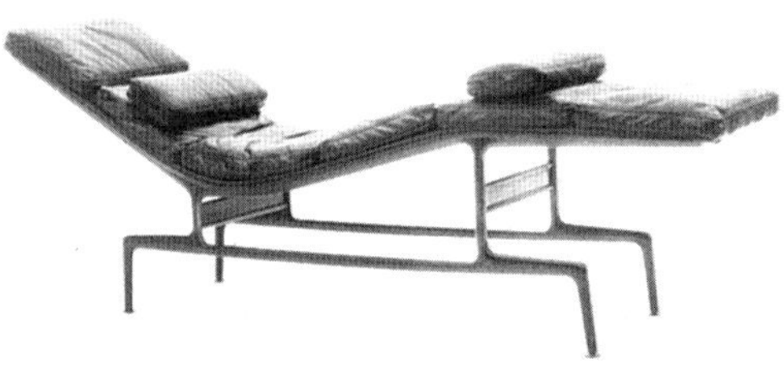

디자인을 하는 과정에서 대부분의 건축가들은 복잡한 것에서 시작하여 단순한 것으로 작업을 진행해 간다. 이 끝없는 과정에서 결코 완전한 단순성에 도달하는 일은 없으며 또 완벽한 해결이란 존재하지도 않는다. 최상의 해결은 기능적이고 미학적인 어려운 문제에 대하여 단순하고 명백한 해답을 주는 것이다. 건축가에게 최대의 찬사를 주는 길은 "당신의 건물은 단순하고 자연스러운 해결을 꾀하였다"라고 말하는 것이다. 만약 이 '단순하고 자연스러운 해결'이 여기에 있는 사진에서 보여주는 것처럼 예술적으로 디자인된 것이라면 그것은 주택이거나 교회 또는 의자이든 상관없이 아마 불후의 가치를 지닌 건축이 될 수 있는 성질을 간직하고 있을 것이다.

172

명히 해 두어야 할 것은, 시그램 빌딩은 낮이나 밤이나 보통 광선 아래에서는 전체적 형태가 결코 모호하지 않다는 것입니다. 그것은 낮에는 순수한 조소적 형태로, 그리고 밤에는 순수한 골격적 형태로 됩니다. 이런 면에서 보면 다른 대부분의 건물들의 전체적인 형태는 성격이 뚜렷하지 않습니다. 어떻게 보여야 되는가를 알지 못하는 건물이 많으며, 모호한 성격은 확실히 바람직한 것이 못된다는 것을 알 수 있습니다. 건물을 보는 사람들은 명쾌한 표현을 원하고 있습니다. 일류라고 할 수 있는 건물들은 명쾌하고 단순하게 확실한 어휘로 말해주지만 평범한 건물은 그렇지 못하기 마련입니다.

대부분의 위대한 건물들은 우아한 단순성이라는 기본적인 특질을 견지해 왔습니다.

단순성은 회화, 조각, 문학, 그리고 음악에도 모두 적용됩니다. 레너드 번스타인(Leonard Bernstein)은 베토벤의 제5교향곡에 대하여 다음과 같이 말하고 있습니다. "이 교향곡의 악보를 볼 때마다 나는 늘 그의 단순함과 힘차고 적절함에 놀라기도 합니다. 그리고 이 음악이 얼마나 경제적인가 다시 한 번 놀라게 됩니다."

몇 사람의 교수들이 말했듯이 만약 건축이 눈에 보이는 음악이라면 건물은 적어도 음악에서의 경제성 또는 그 이상의 특질을 갖고 있어야 합니다.

173

단순한 형태는 품위를 높이며 불후의 가치를 지니게 한다.

174

단순한 형태는 시각적인 흥분을 느끼게 하며 무엇인가 우리에게 말을 걸어온다.

9-2 금전적인 문제 (Cost)

경제는 금전적인 것과 관계됩니다. 금전적인 경제에 대한 관심은 과거에도 그래 왔고 앞으로도 계속될 것입니다. 로마시대의 건축가였던 마르코스 비트루비우스 폴리오(Marcus Vitruvius Pollio)는 기원전 40년경에 디자인의 원리가 “동적 균제, 대칭, 작법, 경제”에 관계된다고 했습니다.

현대 건축가들은 페리클레스 시대의 아테네 아크로폴리스(Acropolis)를 설계한 건축가인 익티누스(Ictinus)와 칼리크라테스(Callicrates)라는 그리스 사람으로부터 많은 것을 배우고 있습니다. 과거의 각 시대를 통하여 건축가들은 아크로폴리스의 급한 언덕길을 순례자처럼 오르며 특히 그곳에 우뚝 선 파르테논(Parthenon) 신전을 연구하고자 했던 것입니다. 르 코르뷔지에도 몇 달을 그곳에서 지내며 그의 세련되고 미묘한 뉘앙스를 연구하여 절묘한 세부와 기계처럼 다듬어 조립한 기둥들과 착시현상에 의하여 직선이 휘어 보이지 않도록 교정된 박공벽, 그리고 석조건물의 미학적 시스템 등에 대하여 상세히 조사했던 것입니다.

파르테논은 지금까지 세워진 많은 건물 중에서 가장 완전한 건물이라는 평판을 얻고 있습니다. 완전에 가깝다고 말해도 좋을 텐데 정말 완전한 것인가? 만약 완전한 것이라면 왜 그보다 앞서 있었던 목조건물의 자취(톱니 모양의 장식)를 남기고 있는 것인가? 석조건물은 돌처럼 보이고 목조문은 없어야 되는 것이 아닌가? 그러나 이보다 앞서 있었던 것에서 계승되었다는 것은 이해할 수 있습니다. 동물이나 조류처럼 건물도 진화하는 것입니다. 새의 날개에 발가락의 흔적이 있다면 파르테논에 톱니장식이 있다고 해서 안 될 것은 없습니다. 어떤 건물도 완전할 수는 없으므로 공간이나 형태를 체험할 때 약간 관용을 베풀 필요가 있습니다.

파르테논에 대한 더욱 심각한 비판은 돈이 너무 많이 들었다는 것입니다. 이것은 당신이 생각하는 것처럼 어리석은 얘기가 아닙니다. 당시의 건축가들은 큰 난관을 겪었으며, 역사가들 중에는 파르테논이야말로 아테네 제국을 망하게 한 원인 중의 하나라고 말하는 사람들도 있습니다. 만약 그 말이 맞는다면 실로 엄청난 값을 치를 것입니다.

그보다 더 올라가서 고대 이집트와 그 큰 피라미드들은 어떤가? 기록에 의하면 쿠푸의 거대한 피라미드를 건설하는 데는 20년의 세월과 40만 명의 인원이 손에 채찍을 든 감독들에게 혹사당하며 동원되었다고 합니다. 그때의 일반사람들은 도대체 이 거대한 공사에 대하여 어떻게 생각했을까? 헤로도토스(Herodotus)는 “쿠푸는 사람들에게 큰 재앙을 안겨 주었다”고 말했습니다. 그렇다면 그것은 비싼 희생을 치른 격입니다.

인도의 아름다운 타지마할(Tāj Mahal)은 무굴(Mogul) 왕조의 멸망에 공헌하였습니다. 그것을 설계한 건축가도 호화스러운 보석상자와 같은 그 건물에 돈이 지나치게 들어서 큰 곤경을 겪었으며, 그 돈은 국민의 복지를 위해 더 좋은 일에 사용될 수도 있었을 것입니다.

파르테논이나 피라미드, 타지마할, 그리고 농민들이 큰 희생을 받쳐 고딕 대성당 등에 치른 실제의 값을 생각해 볼 때, 이들 건물의 아름다움은 조금 퇴색되어 느껴지지 않았는가?

아마 실감나지 않을 수도 있습니다. 그렇다면 미국의 경우를 생각해 봅시다. 남북전쟁 이전에 세워진 남부의 대저택이 대부분이 노예들에 의하여 이루어졌고, 노예들 중에는 이들 아름다운 저택을 만들기 위하여 목숨까지 희생했다는 것을 알고도 이들 저택들이 아름답게 느껴지는가? 사람들은 흔히 “왜 옛날 사람들이 지은 것처럼 건물을 잘 지을 수 없느냐”고 말합니다. 그럴 때면 ‘이젠 노예가 없기 때문이지’라고 말할 수도 있으며 결코 잘못된 대답은 아닙니다. 그러므로 요즘에는 건물을 짓는 데 많은 돈이 드는 것입니다.

노예가 없기 때문에 사람들은 노동력을 줄일 수 있는 건설방법을 좋아하는 것이며, 같은 돈으로 될 수 있는 한 가장 좋은 것을 얻고자 하고 또 능률과 경제성 안에서 아름다움을 발견하는 것입니다.

175

176

어떤 종류의 단순성에 대하여 우리는 얘기하고 있는 것일까? 시각적 표현의 명쾌함인가? 그렇다면 우리는 전체적인 형태를 말하고 있는가? 아니면 세부의 디테일을 말하고 있는가? 장식을 억제해야 된다는 얘기를 하고 있는 것인가? 미이스의 독일관(위의 사진)은 뛰어난 우아함과 단순함을 갖고 있었는데, 1929년 스페인 바르셀로나에서 개최되었던 만국박람회에서 이 색다른 건물을 본 사람들에게 큰 충격을 주었을 것임에 틀림이 없다. 반면에 박람회장의 다른 건물들은 늘 보아오던 흔한 장식이 달린 저항감을 주지 않는 형태를 갖고 있었다. 미이스는 장식이 없이 재료가 갖고 있는 고유의 아름다움만으로 건축을 표현할 수 있다고 믿고 있었던 것이다.

단순성을 논하는 데 있어서 우리는 부자연스러운 매너리즘에서 벗어나 아래의 사진에서 보는 것처럼 정확한 일변도로 재료를 사용하는 그런 직선적인 경제성을 얘기하고 있는 것인가? 우리들을 겉치레에서 벗어나 있는 그대로를 보여주지만 그 이상 아무것도 아닌 그런 건물 얘기를 하고 있을 것인가? 또 우리는 딱딱한 모서리나 마음에 안 드는 디테일, 그리고 그 밖의 추한 것들을 덮어 감춰주는 새하얀 눈처럼, 복잡한 것에까지 단순성을 부여할 수 있는 무엇인가 신비로운 것에 대하여 얘기하고 있는 것인가? 아마도 이들을 모두 포함시켜야 할 것이다. 베토벤의 제5교향곡은 세부에 있어서 매우 풍요로우면서도 그것에 우선하는 전체적인 단순성을 갖고 있는 것이다.

아테네의 파르테논(447~438 B.C.)은 완벽한 프로포션을 갖고 있는 것으로 알려져 있다. 석조 건물로는 정말 그렇다고 할 수 있으나 완벽한 건물이라고 말할 수는 없으며, 실제로 완벽한 건물이란 존재하지도 않는다. 건물도 사람과 같아서 이 파르테논은 매우 아름다운 건물로 간주되어 왔으나 목구조처럼 보이는 조각을 갖고 있는 등의 몇 가지 결점을 갖고 있다. 좋은 점이 섞여 있으면 나쁜 것이 있기 마련인데 이 건물은 확실히 좋은 점을 많이 갖고 있다.

177

기제(Gizeh)에 있는 대피라미드 중에서 가장 큰 이 피라미드는 통치자 케오프스(Cheops) 또는 쿠푸(Khufu 2680 B.C.)의 이름을 따서 이름이 지어졌는데, 쿠푸 왕의 통치는 스핑크스의 신비와 결부되어 있다.

178

179

인도의 아그라(Agra)에 있는 타지마할(Tāj Mahal)은 1630년 샤 제한(Sh□h Jeh□n)에 의하여 세워져 세계에서 가장 아름다운 건물 중의 하나로 손꼽히고 있다. 낮에만 아니라 밤에도 그 아름다운 자태를 그대로 보여 준다.

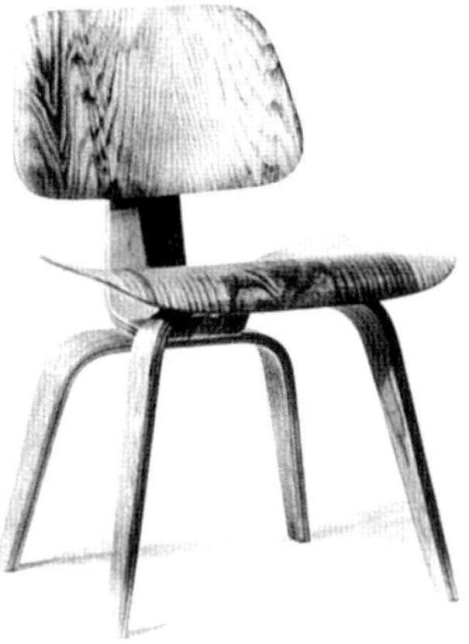

180

이임스(Eames)의 의자와 같은 건물은 왜 없는지. 섬세한 선, 아름다운 프로포션, 단순하면서도 단조롭지 않고 질이 좋은 재료를 썼으면서도 비싸지 않으며, 공업화의 이점을 취하고 있으면서도 탁월한 디자인을 갖고 있다. 여기 사진에서 보여 주는 성형된 곡면으로 처리된 자작나무 합판의 낮은 의자는 1946년 찰스 임즈의 디자인으로 허먼 밀러 회사에 의하여 제작된 것인데, 당시의 건축가들이나 특히 이 의자를 갖고 있던 모든 사람들에게서 사랑을 받았다. 1950년대 전반에 이 의자는 값비싸지 않은 우수한 디자인의 가구 몇 가지 중의 하나로 꼽혔었다.

폭스바겐(Volks wagen)과 롤스로이스(Rolls Royce) 자동차 가운데서 어떤 것을 좋아하느냐고 묻는다면 이것은 대답하기 힘든 문제입니다.

그러나 우리는 폭스바겐적인 건물도 롤스로이스적 건물도, 그리고 그 중간적인 건물도 모두 갖고 있습니다. 이들을 모두 같은 기준으로 잰다는 것은 옳은 일이 아닙니다. 능률적이고 경제적인 면에서는 폭스바겐을 따를 자동차가 없고, 사치스럽고 기술적으로 세련된 면에서는 롤스로이스를 능가하는 것이 없습니다.

"같은 값이면 어느 것을 택하겠는가?"라고 묻는다면 이번에는 돈을 얼마나 갖고 있느냐에 따라서 달라지겠지만 그래도 그 질문은 잘된 질문입니다. 단위면적당 가격은 딱정벌레처럼 생긴 폭스바겐이 싸겠지만 안락한 면에서는 롤스로이스 쪽이 훨씬 좋다고 볼 수 있습니다.

자동차에 대한 비유를 좀 더 해보면 폰티악(Pontiac)적인 건물(또는 머큐리(Mercury)나 다른 중급 자동차적 건물)을 살 수 있는 돈을 갖고 있다면, 당신은 같은 금액으로 아름답고 능률적인 건물을 살 수도 있고 보기 싫고 비능률적인 건물을 살 수도 있다는 것을 건축가들은 일반적으로 인정하고 있습니다. 바꾸어 말하면 좋은 디자인은 결코 덤으로 붙여지는 것이 아니며 때로는 좋은 디자인이 오히려 적은 돈으로 할 수도 있는 것입니다.

'날씬하고 단정한' 외관을 좋아하는 건축가들도 있습니다.

그들 건축가들은 불필요한 것들이 붙어 있지 않는 건물을 좋아합니다. 그들은 경제성, 즉 최소한의 수단으로 최대한의 효과를 얻는 것을 특히 좋아합니다. 건축주들도 경제적인 것을 좋아하지만 그것은 금전적 부담이 적기 때문입니다. 지금 자연환경의 보존과 에너지절약에 대한 고려가 큰 위치를 차지하고 있어서 일반 대중들도 경제의 미학이라는 개념을 받아들이기 시작했습니다. "Less is more(적은 것은 보다 많은 것을 뜻한다)"라는 새로운 의미가 생겼습니다. 즉 효율성 안에서 아름다움을 찾을 수 있다는 것입니다.

에너지효율이 좋은 거처를 만드는 훌륭한 방법이기도 한 에스키모의 얼음집인 이글루(igloo)와 자연환기와 이동성이 혁신적일 정도로 좋은 위그웜(wigwam)이라고 불리는 북미 인디언의 둥근 오두막집을 이해하게 되면 그것들을 좋아하게 될 것입니다. 많은 돈을 들인다 해서 그만큼 아름다워진다는 보장은 없습니다. 치장을 지나치게 하는 사람이 있는 것처럼 장식이 지나친 건물들이 있는 것입니다. 사실 과장이나 전시효과도 중요한 디자인의 원칙이지만 많은 위대한 건물에서는 억제된 엄격함을 볼 수 있습니다. 건축적으로 말한다면, 사물을 단순하게 처리하는 것이 가장 좋은 길이고 또 시각적으로도 가장 잘 받아들여지는 방법인 것입니다.

형태가 납득할 수 있는 기능을 갖고 있을 때 비로소 최대의 가치를 맛볼 수 있는 것입니다. 예를 들어 초기의 고전적인 허먼 밀러(Herman Miller)의 가구

181

(181번 사진) : 기능을 다한다 해서 아름답다고 할 수 있을까? 반드시 그렇지만은 않다. 반대로 기능을 다하지 않는다고 해서 추하다고 할 수 있을까? 사용자에게는 그럴 것이다. 능률성이 아름다움을 보장하지는 않지만 적어도 보는 사람이나 사용하는 사람들에게서는 훨씬 더 평가를 받을 것이다.

이 사진은 시카고의 데브리 인스티튜트(Devry Institute)인데 첫눈에 아름다운 건물이라고 여겨지지 않고 괴상한 건물이라고 생각될 것이며, 저 철골조 보는 도대체 무슨 역할을 하는가? 라고 의아하게 여길 것이다. 아름다움을 재는 기준이 10점까지라면 아마도 기껏 주어야 5점 정도 밖에는 안 될 것이다. 그러나 만약 그곳에 가서 조사해 보고 건물의 이용자들과 얘기를 나누어 보면 다음과 같은 것들을 알게 될 것이다. 즉 이 건물은 시계와 같이 정확하게 기능을 하고 있으며 효율적인 동선과 정밀한 작업에 충분한 채광을 얻을 수 있고, 휴식할 장소와 학습에 적합한 연구실을 갖고 있다. 노출된 보를 사용함으로써 경제적으로 건물을 확장할 수 있고, 또 불가피한 확장 계획에 대비한 독특한 시스템을 쓰고 있다. 이 건물은 최소한의 현장작업으로 기록적인 단기간에 건설되어 시대정신을 반영하고 있어서 공업화된 건설시스템에 대한 새로운 아름다움을 볼 수 있다. 이 건물의 이용자들은 건물을 좋아하고 있으며, 건축주도 공사비에 비해 얻은 것이 많았다. 이 정도의 지식을 갖게 되면 이 건물에 대한 당신의 인식은 보다 깊어졌을 것이다. 거대하고 오래된 주 의사당 건물을 보는 눈으로 이 건물을 볼 수 없다는 것을 알게 된다. 이제 앞에서 평가한 기준으로 8점 정도는 줄 수 있지 않을까? 지식에 의하여 감상하는 능력이 증가되는 것이다.

182

(182번 사진) : 앞의 것과 전혀 다른 또 하나의 특이한 건물이다. 첫눈에 미적 평가에서 높은 점수를 별로 얻지 못했을 것이다. 그러나 공기압으로 지지되는 지붕에 대하여 잘 알고 있는 사람들은 첫눈에 점수를 높이 주게 될 것이다. 그들은 이 건물이 큰 공간에 지붕을 씌우는 새롭고 경제적인 방법을 사용했다는 것을 알고 있으며, 10년 전만해도 불가능했던 가장 진보된 기술에 의한 것으로 공기압에 의하여 지지된 영구적인 건물로는 첫 번째라는 것도 알고 있다. 또 공사비는 비교적 저렴하여 철강이나 콘크리트 건물보다도 훨씬 싸다는 것도 알고 있다. 그들이 이 건물을 가장 높이 평가하고 있는 것은 이것이 언젠가는 대도시의 도심지 및 소도시 전체를 덮을 수도 있다는 초대형 공기압구조체의 선구자가 될 것이라는 점이다. 이만큼 알았으면 이 건물에 대한 평가는 달라지지 않았을까? 훨씬 좋아 보일 것이다.

를 설계한 조지 넬슨(George Nelson)과 찰스 이임스(Charles Eames)의 경우를 생각해 봅시다. 그들은 경제의 미학을 창조하는 데 큰 역할을 하였습니다. 가구는 이해하기에 적당한 크기이며 모든 부분을 눈으로 볼 수 있습니다. 그들이 디자인한 가구의 경우에는 모든 형태가 기능을 갖고 있으며, 아름답게 구성이 되어 있고 균제가 잡혀 있습니다. 또 기계에 의한 깨끗한 처리 및 공업화된 제조 과정만이 만들어 낼 수 있는 새로운 모양에서도 아름다움을 찾아볼 수 있습니다. 건물도 이임스의 의자처럼 되어야 하지 않겠는가?

집은 살기 위한 가구이며, 도시는 큰 집이라고 할 수 있습니다.

많은 건축가들은 공업화에 의하여 새로운 기술과 재료를 써서 새로운 시대의 정신을 반영하는 단순하고 아름다운 건물을 충분히 만들 수 있다는 철학을 눈앞에 두고 열심히 노력하고 있습니다.

9-3 에너지 (Energy)

지나치게 많은 연료를 소비하지 않고서는 제 기능을 다할 수 없는 건물은 좋은 건물이라 할 수 없으며, 석유나 천연가스가 고갈되어 감에 따라 에너지에 대한 배려는 점점 더 중요하게 되었습니다. 우리의 할아버지(또는 증조할아버지) 시대에는 둥근 종 모양의 난로를 무척 좋아하여 아름다운 것, 그리고 효율적인 것의 표상으로 여겼습니다. 그 후 중앙집중식 난방방식이 출현하여 '썰어놓은 식빵'의 발명에 이은 세기적인 일대 기술혁신으로 일컬어졌습니다. 그러나 그 당시에도 할머니들은 장작과 석탄으로 무쇠풍로에 음식을 만들어야 했으며 아침 일찍 마차로 뒤뜰에 내려놓은 옥수숫대로 불을 지폈습니다.

그 후 문명의 진보와 더불어 가스나 전기에 의하여 취사를 하게 되어 옥수숫대는 무대에서 사라지고 그에 대신한 값이 비싼 가스가 등장하게 된 것입니다. 그것은 1930년대, 1940년대, 그리고 1950년대 중반까지 비교적 비쌌기 때문에 건축가들은 비용 문제에 신경을 쓰게 되고 건물의 기능을 다하는 데 필요한 에너지의 비용에 대하여 충분히 인식하게 되었습니다. 그들은 에너지를 절약하고 유지비를 절감할 수 있는 건물을 설계한 것입니다.

건축가들은 1950년대에 배운 경제에 관한 교훈을 1960년대에 들어서는 까맣게 잊어버리고 말았습니다.

1960년대에 들어서 형태는 방향감을 잃었으며, 연료의 절약 같은 것에는 관심이 없었습니다. 말하자면 형태 지상주의가 판을 친 것입니다. 당시의 건축가는 난방기술자에게 서측의 전면을 유리로 처리하는 것이 가능한가 라고 물었습니다. 그러면 그 기술자는 "그럼요. 여름이나 겨울이나 쾌적하게 해줄 수 있습니다. 처마를 길게 빼거나 차양 장치를 할 필요도 없고, 원한다면 건물을 전부 유리로 덮을 수도 있습니다. 값싼 에너지가 얼마든지 있으니까요."라고 대답했습니다.

태양이나 바람, 더위, 추위 등을 무시한 전면 유리의 건물이 도처에 나타나기 시작한 것입니다. 이들은 방위를 무시하고 단열의 경제성에는 아예 관심이 없었으며, 여름에 시원하고 겨울에 따스하게 해줄 수 있는 창이나 문 같은 개구부 배치의 원칙마저 깨뜨린 것입니다. 합리적으로 계획한다는 마음가짐은 이미 사라졌고 지역성도 퇴색되고 말았습니다. 알래스카의 건물이 남부의 플로리다 건물처럼 보이기 시작한 것이고, 그것이 잘못된 일이냐고 하겠지만 기술적으로 가능했고 값싼 연료는 그들 주변에 얼마든지 있었던 것입니다.

풍족했던 1960년대에는 설계과정에서 에너지절약이라는 것은 화제에 오르지도 않았습니다. 그러나 1970년대에 접어들면서 사태는 달라져서 에너지 부족은 현실로 되었고, 연료비는 3배로 치솟았습니다. 따라서 1960년대의 건물들은 더 귀해지고 비싸질 에너지를 대량으로 소비하고 있는 것이며, 값싼 에너지 시대는 미국에서 들소들이 소멸해가듯이 점점 사라진 것입니다.

앞으로는 에너지절약이야말로 디자인의 결정 요소로서 중심적 역할을 하게 될 것이며, 르 코르뷔지에, 미이스, 그로피우스, 카안과 같은 과거 30년간 위대한 건축의 형태를 창조해 온 건축가들보다 더 큰 영향을 건물의 디자인에 미치게 될 것입니다.

19세기에 생긴 남부의 개방형 주택에서는 무더운 여름에도 쾌적한 환경을 즐길 수 있는데, 양측에는 거실이 있어서 벤추리(venturi) 효과에 의하여 시원한 맞바람을 일으킨다. 요즘처럼 에너지 부족의 시대에는 고온다습의 기후에서도 이와 같이 시원한 맞바람이 치도록 하는 것은 큰 뜻이 있다. 전기를 써서 인공적으로 불러일으키는 바람은 시원하게 불어오는 자연의 바람에 도저히 비교할 수 없다. 건축가들은 건물의 안팎에서 바람이 어떻게 움직이는가를 잘 알고 있어야 한다. 바람에 대한 지식을 갖고 있으면 에너지를 절약할 수 있다. 여기 사진에서 보여주는 텍사스 주택은 1824년에서 1836년 사이에 지은 것으로 에너지절약형 주택의 모델이 될 수도 있다.

183

184

185번 사진은 한랭지의 건물이며, 184번 사진은 더운 지방의 건물이다. 이들은 건립 시기가 1세기나 차이나지만 모두 방위, 통풍, 기후에서 얻는 이해득실 등 기후조절의 기초적인 조건에 맞추어 설계된 것이다. 건축가들이 자연을 잘 이해하면 에너지는 절약된다.

185

에너지야말로 새로운 형태의 창조를 좌우하게 될 것입니다.

미국에서 사용되는 전체 에너지의 3분의 1을 건물이 소비하고 있습니다. 만약 건물이 적절히 설계되었다면 그중 반은 절약할 수 있을 것입니다. 그러나 낭비되는 에너지의 50퍼센트를 어떻게 절약한다는 것인가? 태양에너지로 말인가? 태양에너지가 열이 새어나가는 건물의 병폐를 해결해주는 것처럼 여기려는 잘못된 경향이 있습니다. 현재의 시점에 있어서 태양에너지는 아직 화석연료에 대한 대체연료로는 너무 비싼 상태에 있으며, 태양에너지에 의해서는 현재나 가까운 미래의 에너지 부족을 메울 수는 없습니다. 그러나 낭비되고 있는 에너지의 50퍼센트는 설계를 보다 잘 함으로써 절약할 수 있을 것입니다.

태양에너지가 도움은 줄 수 있겠지만 그것을 주창하는 사람들이 생각하고 있는 정도는 아니라고 생각됩니다. 열을 모두 빼앗길 건물에서 태양에너지를 사용한다고 해서 무슨 소용이 있겠는가? 태양이 불량한 건물의 결함을 보충해 주지는 않습니다. 태양열이야말로 특히 에너지효율이 좋은 건물을 필요로 하는 것입니다.

그렇다고 태양을 멀리하는 것은 잘못된 일이며, 태양의 역할을 당연히 하도록 해야 하고 또 과거부터 큰 역할을 해 왔습니다. 사람들은 몸을 덥히기 위하여 햇볕을 쬐었고, 음식을 말렸으며, 짐승의 가죽을 말리고, 벽돌을 굽는 등 항상 태양을 이용해 왔습니다. 그리고 겨울의 햇살을 받아들여 집안이 따스하게 되도록 집의 방향을 정했으며, 차가운 겨울바람을 피하여 창과 문을 배치하였습니다.

현대의 진보된 기술은 태양광선을 전기로 변환할 수 있지만 그것을 경제적으로 이용하기에 아직은 먼 미래의 일인 것 같습니다. 그러나 그것말고도 태양을 고도로 이용하는 방법이 있습니다. 태양을 적절하게 이용하는 4가지 방법을 제시합니다.

태양과 공간 : 건물 안에 태양광선이 들어오면 좋다고 생각되는 곳에 유리를 끼워서 들어온 태양광선으로 실내의 표면이 덥혀지고 공간이 덥혀져 결국 인체가 덥혀지는, 즉 "온실효과"로서 예부터 이용된 방법입니다.

태양과 물체 : 태양열로 덥혀진 벽(또는 지붕이나 물탱크)의 열을 복사와 전도에 의하여 실내에 전달하여 실내의 공기를 덥히고 인체를 덥히는 것으로써 이것도 예부터 써온 것입니다.

태양과 집열기 : 태양열 집열기를 써서 물이나 공기를 덥히고 그것을 저장하며 필요할 때에는 공급하여 공간과 인체를 덥히는(또는 아직은 비용이 많이 들지만 열 흡수에 의하여 인체를 시원하게 하는) 방법으로 비교적 새로운 것입니다.

태양과 태양전지 : 태양전지를 써서 태양에너지를 전기에너지로 변환하여 저장하고 인체를 덥히거나 식힐 때 사용하는 방법으로 비용이 많이 소요됩니다.

여기서 4번째의 태양전지를 사용하는 방법은 일반적으로 사용하기에는 너무 비쌉니다. 그러나 10년이나 20년 후에는 태양에너지가 에너지의 부족을 메우는 데 큰 공헌을 하게 될 것이며, 모든 건물에서 사용되는 에너지의 10퍼센트 정도를 공급하게 될지도 모릅니다. 그러나 이것은 정부가 태양에너지 개발에 지원을 계속하는 경우에만 가능한 것입니다.

지금이라도 건축가들이 이를 실현하려고 하면 가능한 것이 많습니다. 어떤 연료를 쓰던지 간에 건물 유지에 필요한 에너지는 설계를 적절히 함으로써 줄일 수 있고, 중요한 것은 경제의 원칙으로 되돌아가는 일입니다.

(152~153 페이지의 사진) : 창유리에 태양이 직접 와 닿지 않게 함으로써 공기조절 비용을 적어도 25퍼센트는 줄일 수 있다.

187

188

189

190

에너지의 가격은 계속 올라갈 것입니다. 돈이 건물을 만들고 에너지는 돈입니다. 간단히 말하면 에너지가 건물의 형태를 정하기 마련입니다.

그러나 에너지는 돈 그 이상입니다. 예를 들면, 거대한 건물이 하나 있으면 단지 그 건물이 사용하는 전기를 공급하기 위하여 좋은 숲을 파괴할 수도 있습니다. 또는 석탄을 채굴하기 위하여 초원이나 언덕의 아름다운 경관을 망쳐버리거나 바다 밑에서 석유를 채취하기 위하여 아름다운 바다의 경광을 영원히 못쓰게 만들 수도 있습니다. 그렇게 되면 그 건물은 결코 좋은 건물이라고 보기 힘들 것입니다.

죄 가운데서 가장 큰 죄는 지나친 욕심을 내서 에너지를 낭비하는 건물을 설계하는 일입니다.

이제 건축가들은 에너지를 지나치게 소비하고 에너지가 새어나가는 건물을 더 이상 설계할 수 없습니다. 사용되는 에너지는 그것이 천연가스이거나 아랍의 석유, 북해의 석유, 알래스카의 석유, 멕시코의 석유, 텍사스의 석유, 콜로라도의 혈암류, 웨스트버지니아의 석탄, 원자력, 지열, 조력, 풍력, 태양열, 심지어는 고래 기름 일지라도 상관없습니다. 사용되는 에너지가 그 중 어떤 것이든지 간에 건축가들은 건물을 설계하는데 있어서 방위와 창배치의 기본으로 돌아가고 있으며, 그들은 디자인의 기본적 원리가 무엇인지 알고 있습니다. 즉

기능, 형태, 경제, 시간은 일체라는 것입니다.

건물은 날씬하고 단정해야 합니다. 또 능률적이고 경제적인 형태를 갖고 최소한의 에너지로 그 기능을 다 해야 하고, 현재를 위한 것일 뿐만 아니라 미래를 위해서도 존재해야 합니다. 즉 다른 대안이 없습니다. 에너지 효율이 좋은 건물에 사람들의 요구는 점점 증가해가고 있기 때문입니다.

그러면 건축의 감상과는 어떤 관계가 있는가? 에너지를 낭비하는 건물은 선호할 수 없게 되었으며, 반대로 에너지절약에 역점을 두고 설계한 건물은 쉽게 칭찬을 받게 되었습니다.

앞으로 당분간은 에너지절약이 전문가는 물론 일반인들에게도 건물을 평가하는 기준의 하나로 여기게 될 것입니다.

그러면 어떻게 하면 에너지 효율이 좋은 건물을 만들 수 있을까? 다음과 같은 점이 고려되어야 할 것입니다.

적절한 방위 : 건축가들과 엔지니어들은 컴퓨터를 이용하여 에너지를 최소한으로 사용하는 건물의 방위를 결정할 수 있습니다. 360가지의 다른 방위에 맞춰 연료의 소비를 계산해 보면 25퍼센트 정도의 차이를 발견할 것입니다.

자연채광 : 이것은 돈이 들지 않습니다. 유리를 적절히 사용하기만 한다면 전기를 절약할 수 있습니다.

(189번 사진) : 건축가들은 유리의 면적을 최소로 하여 에너지를 절약할 것인가 또는 유리를 마음껏 써서 훌륭한 전망을 제공할 것인가 하는 자기모순에 빠져 있는 듯이 보인다. 그러나 생각보다는 그 모순이 크지 않아서 대부분은 기후, 방위, 유리의 종류, 그 밖에 많은 조건들에 의하여 결정된다. 이 사진의 경우를 예로 들면, 객실에서 극적인 조망을 즐길 수 있는 호놀룰루의 이 호텔 건물은 겨울철 열손실은 문제가 안 되지만 단, 어떻게 햇볕을 조정하느냐 하는 것이 문제이어서 그 해결책으로 차양을 앞으로 내고 해 가리개를 설치하였다. 만약 이 건물이 한랭지에 있다고 가정하면 이중유리를 쓰거나 유리 면적을 최소한으로 해야 했을 것이다. 건축가들은 장소와 상황에 따라서 유리를 어떻게 적절히 사용할 것인가를 결정해야 한다.

(190번 사진) : 날씨가 추울 때 햇볕을 받아들이면 난방비가 절감된다. 태양이 직접 실내공기를 덥히는 것은 아니고 먼저 실내의 표면을 덥히고 열전도에 의하여 공기를 덥힌다. 또 햇볕을 쬐고 있는 사람은 복사열에 의하여 따스함을 느낀다. 이 사진과 같은 경우, 실외 온도가 영하로 내려간다 하더라도 실내의 두 사람은 아마도 난방을 필요로 하지 않을 것이다. 그것은 "온실효과"때문이다.

(191, 192, 193번 사진) : 여기에서는 3가지 기본적인 일조 조절방법을 보여준다. 남향의 경우 위의 사진처럼 차양을 대는 것이 가장 좋은 방법이며, 남서 또는 남동향의 경우에는 가운데 사진처럼 "상자형"을, 그리고 서향과 동향에서는 아래 사진의 반사식 조절방법이 가장 효율적이다.

191

192

193

일사조절 : 차양, 해 가리개, 외부 블라인드 등의 일사조절장치로 냉방부하를 20 내지 25퍼센트 정도 낮출 수 있습니다. 겨울에 조정장치를 열어 햇볕이 창으로 들어오게 할 수 있도록 하면 남측에 면한 방은 아주 추운 날이라 하더라도 낮 동안에 태양열만으로도 방을 덥힐 수는 있습니다.

지역성 : 지역 특유의 기후에 맞춰 지어진 건물은 에너지를 절약하게 됩니다. 매사추세츠 주에 세우기 위하여 설계된 건물은 루이지애나주에 세울 수 없으며, 그 반대의 경우도 안 됩니다. 그것은 에너지절약에 어긋나는 일인 것입니다.

여분의 공간 배제 : 공간이 넓을수록 많은 에너지를 필요로 하게 됩니다. 대부분의 건물들은 필요 이상으로 넓으며, 그 중 대부분은 기능이나 쾌적함을 잃지 않더라도 1/3로 줄일 수도 있습니다. 그렇게 함으로써 냉·난방의 비용에서도 1/3로 줄일 수 있는 것입니다.

옥외공간 : 안뜰(patio), 회랑, 중정 등과 같은 적절한 옥외공간을 둠으로써 에너지를 절약할 수 있으며, 집 주위에 포치(porch)가 달린 농촌주택도 에너지를 절약할 수 있습니다. 토머스 제퍼슨(Thomas Jefferson)이 몬티첼로(Monticello)와 버지니아(Virginia)대학에 설치한 외부 복도는 그의 에너지 효율에 대한 배려를 말해줍니다. 기둥이 늘어선 회랑은 열을 받는 공간을 최소한으로 하려는 필요성에서 얻어진 발명인 것입니다. 즉 홀을 덥힐 필요는 없었습니다.

외형 : 바닥면적과 재질이 완전히 같더라도 외형이 다르게 되면 에너지의 필요량이 20퍼센트나 차이 나는 경우도 있습니다. 에스키모 사람들은 이글루(igloo)라는 얼음집을 지을 때 그것을 알고 있었습니다. 원형의 평면은 최대의 바닥면적이면서도 최소의 벽면을 갖고 있습니다. 에너지의 면적에서는 소형일수록 더욱 효율적입니다. 바닥의 평면형에 굴곡이 많으면 그만큼 에너지 소비는 늘기 마련입니다.

194

195

196

형태에 대한 새로운 교훈이 나타나고 있습니다.

앞으로는 이 새로운 에너지에 대한 교훈에 바탕을 둔 새로운 형태가 나타날 것입니다. 의문에 찬 대중들은 그것을 기대하고 있으며, 결코 에너지가 새어 나가는 건물을 너그럽게 봐주지 않을 것입니다. 사람들이 자동차에서 효율성을 요구하듯이 건물에서도 효율성을 요구하게 될 것이고, 값싼 에너지의 시대는 끝나고 에너지 절약형 건물의 가치를 인정하는 시대가 된 것입니다.

197

198

(194, 195번 사진) : 매사추세츠주의 케임브리지에 있는 하버드대학 건물들은 한랭한 기후에 맞게 하버드 특유의 벽돌로 지어 아이비리그의 트위드 코트를 입은 것처럼 보이며, 반면에 캘리포니아의 카운터파트라 할 수 있는 클레어몬트 칼리지(Claremont College)의 과학관은 마치 반소매 옷을 입은 것 같다. 이 학교에서는 복도와 교실들이 조절된 외부공간으로 설계되었고, 두 대학은 각각 지역의 특성에 맞추어 독특하게 지어졌다.

(196, 197번 사진) : 인공적으로 냉 · 난방을 해야 할 곳을 최소한으로 유지하는 것이 에너지를 절약하는 최선의 방법이다. 바꾸어 말하면, 냉 · 난방을 해야 할 공간을 만들기 보다는 외부 복도, 회랑, 포치, 둘려진 중정 등을 두는 것이 에너지를 훨씬 효율적으로 절약할 수 있다. 이런 공간들은 보통 보호를 위한 지붕이나 벽을 갖고 있기 때문에 건축가들은 이들을 '조절된 외부공간'이라고 한다. 이들은 겨울철에 바람을 막거나 햇빛을 받아들이는 데 유용하며, 여름에는 그늘을 만들어 주고 자연통풍을 가능케 한다.

때로는 이 보호된 영역에서 강한 건축적 감동을 일으키기도 하는데, 그것은 말하자면 바다와 육지의 두 영역이 중복되는 해변과 같은 것이다. 포치는 내부공간과 외부공간의 두 영역이 만나는 곳이라고 할 수 있다.

(198번 사진) : 토머스 제퍼슨은 어떻게 하면 에너지를 절약할 수 있는가를 알고 버지니아대학을 설계했을 때 '홀을 난방할 필요가 있겠는가?' 하는 실용주의적인 생각을 가졌을 것임에 틀림이 없다. 그래서 사진에서 보는 바와 같이 많은 외부 복도를 만들지 않았나 생각된다.

10. 시간적 특성(Time Quality)

건축을 충분히 감상하기 위해서는 그것이 언제 세워졌는가를 알아야 합니다. 특히 그 건물이 당시의 주도적인 것이었는지를 안다는 것은 중요한 일입니다. 주도적인 건물은 특별한 주목과 감상을 할 가치가 있습니다.

건물에 관계되는 시간의 개념은 3가지가 있습니다. 첫 번째는 그 건물이 언제 세워졌는가 하는 것입니다. 우수한 건축가는 단지 그 건물을 보기만 해도 그것이 언제 세워졌는지 곧 알 수 있으며, 과거 40년 이내에 세워진 것이라면 어느 해에 세워진 것인지 정확하게 말할 수 있습니다. 이와 같이 시간적 특성은 역사상 모든 시기의 모든 건물에 적용되고 있습니다. 수 세기 전에 건설된 건축은 대체로 세기 단위로 언제 건축된 것인지 역사가들은 말할 수 있으며, 당신도 조금만 더 공부한다면 그럴 수 있습니다.

사람들이 어떤 건물은 시간을 초월한 불후의 가치를 갖고 있다고 말하는 것을 들었을 것입니다. 건물 중에는 사람들이 말하는 것같이 시간의 흐름과 관계없는 것처럼 보이는 것도 있습니다.

건물은 시간적 특성을 갖고 있으며, 결코 시간은 흐름과 관계가 없다고 말할 수는 없습니다.

시간에 관계된 두 번째 측면은 기능에 관계된 것입니다. 시간이 경과하면 생활양식이 변하고 건물의 기능에도 변화를 가져오며, 기능이 변하면 변경이나 확장으로 인하여 형태마저 달라집니다. 건물은 어떤 의미에서는 결코 완성이라는 것이 없습니다. 카르나크(Karnak)에 있는 이집트의 신전은 2000년간 성장하였으며, 많은 대성당들도 건설하는데 1세기 이상 걸렸고 건설 도중에도 사용되었습니다. 또 건물들은 항상 그 쓰임새를 변경할 필요가 있는 것 같습니다. 루브르 궁전은 중세 이래 19세기까지 계속 변경했으며, 여러 건축가들의 손에 의하여 이루어진 워싱턴의 의사당 건물도 1793년 당시의 대통령이던 조지 워싱턴(George Washington)이 초석을 놓은 이래 끊임없는 개축과 증축이 행해졌습니다. 기존 공간의 변경을 제외하더라도 20년간 일곱 번이나 증축한 독립주택의 경우도 있습니다.

건물은 결코 완성되는 것이 아닙니다.

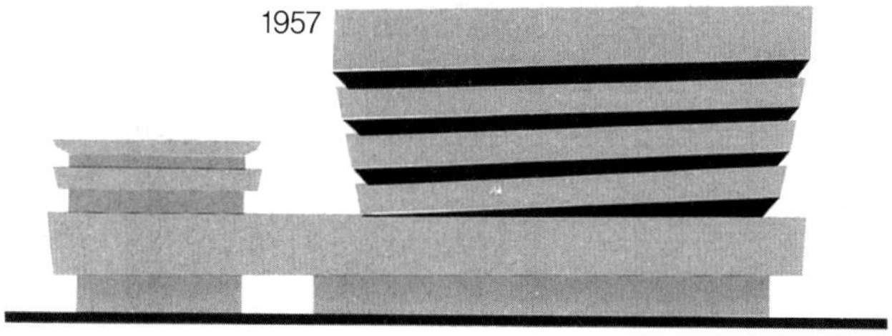

이 사진에는 시간의 흐름 가운데서 콘트라스트가 잘 나타나 있다. 두 개의 건물은 각 시대의 내용을 말해 준다. 기술적으로 전혀 다른 언어로 말하고 있지만 서로 지극히 단순하고 명쾌한 표현으로 말하고 있다.

199

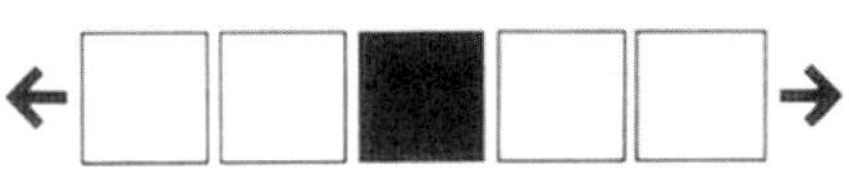

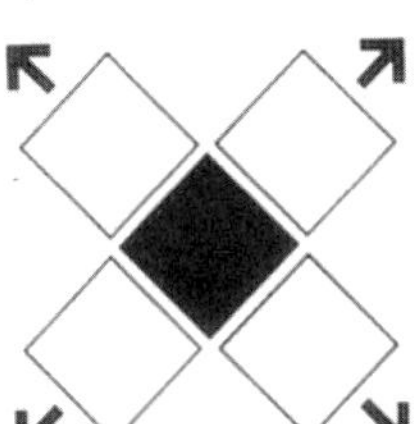

시간에 관계된 세 번째 측면은 사람이 건물을 체험할 때와 관계 있습니다. 사람들은 10년 전의 자기와 전혀 다른 가치관을 갖고 있는 경우가 흔히 있습니다. 예를 들면, 1960년대에 세워진 유리로 된 아름다운 고층건물도 1980년대에 들어와서는 그것이 에너지를 낭비한다는 것을 아는 사람에게는 그렇게 아름답게 보이지 않을 것입니다.

시간은 사람을 변하게 하고, 시간은 공간과 형태에 대한 그의 감수성과 반응을 변하게 합니다. 르 코르뷔지에가 설계한 롱샹(Ronchamp) 교회가 그 한 예로서, 처음에는 모든 사람들이 그 건물을 싫어했고 어떤 건축가는 "마음마저 침울하게 한다."고 말하여 일반적인 것과 불일치된 견해를 나타내기도 하였습니다. 그는 이 건물의 특이한 점과 보기에 불합리한 형태를 불쾌하게 받아들였던 것입니다. 그러나 5년 후에 그 건축가는 "이 교회 건물의 논리를 연구함에 따라 차츰 이 건물의 형태와 공간을 이해하게 되었습니다. 그래서 이제 이 건물은 지금까지 경험한 적이 없는 영적인 분위기를 갖고 있다는 것을 알게 되었다"라고 말하였습니다. 5년 사이에 이 건축가의 '지적인 상태'가 변하였고 그의 건축적 체험은 그 기간동안 서서히 몸에 익혀진 새로운 지식에 의하여 풍부해진 것입니다. 즉 시간이 이 건축가를 변하게 한 것이고, 시간은 당신도 변하게 할 것입니다.

5년 전에 어떤 건물을 처음으로 체험하고 그 새롭고 감동적인 공간과 형태에 대한 깊은 인상을 받았다 하더라도 오늘날 다시 보게 되면 아주 싫증을 느끼게 되는 경우가 많습니다. 이것은 무엇 때문일까? 그 건물은 처음 보았을 때와 조금도 다르지 않습니다. 건물은 변하지 않았지만 보는 사람이 변한 것입니다. 즉 가치관이 변한 것입니다. 이렇듯 사람들은 불과 5년 동안에 크게 변할 수 있는 것입니다.

당신은 5년 전과 같은 종류의 옷을 입고 있는가?, 같은 헤어스타일을 하고 있는가?, 그 당시와 같은 텔레비전 프로그램을 보고 있는가?, 같은 종류의 책을 읽고 있는가?, 여행을 함으로써 자신의 가치관은 달라졌는가?, 늘 보아오던 건물을 보고 "이것은 진부한데 어디 좀 혁신적인 것은 없나?"라고 중얼댈 것입니다. 그리고 새로운 자극을 구하고 있거나 5년 사이에 건물에 관하여 더 많은 지식을 갖게 된 것입니다. 무엇보다 중요한 것은 당신이 언제 공간과 형태를 체험하느냐 하는 것입니다.

시간이 당신의 반응을 변하게 합니다.

200

201

202

(200, 201번 사진) : 모든 사람들은 건물의 모든 발전단계에서 "완성감"을 좋아하며, 미완성인 것처럼 보이는 것을 싫어한다. 그러나 그중에서는 건물에 안성이라는 것이 없다는 생각을 갖고 있기 때문에 "미완성의 아름다움"을 좋아하는 사람들도 있다. 여기서 보여주는 두 건물의 예는 의도적인 미완성으로 새롭게 보이며 별 어려움없이 늘어날 수 있도록 설계된 것이다.

(202번 사진) : 파리 루브르궁전의 건설은 프랑수아 1세 때(1546) 시작하여 나폴레옹 3세 때(1878)까지 계속되었다. 이 건물을 위해 얼마나 많은 건축가들이 관계했으며, 그 때의 지배자는 물론이고, 건축가들의 뜻에 따라 외관이나 실내가 얼마나 변경되었을까 하는 것을 상상할 수 있을 것이다.

(203번 사진) : 프랑스의 롱샹에 있는 르 코르뷔지에가 설계한 교회는 건축 잡지에 처음으로 소개되었을 때, 그에게 열중했던 신자들이 크게 충격을 받고 혼란에 빠졌었다. 그들은 신에게서 배신당한 것처럼 느꼈던 것이다. "왜 그는 논리를 버리고 순수한 조각으로 전환하였는가? 왜 그는 우리에게 가르치던 모든 것을 버리고 말았는가? 나는 배반당한 듯한 느낌이다."라고 말하는 사람도 있었다. 그러나 이 작은 교회 건물은 곡면적인 조소적 형태의 한 걸작으로 지붕과 벽을 분리함으로써 미묘한 평면적 효과를 표현하고 있으며 태양광선에 의한 예술의 본보기가 되고 있다.

이 건물은 딱딱하고 답답한 네모난 공간과 형태로부터 탈피할 필요성을 느낄만한 때에 이루어진 것이다. 롱샹의 교회는 건축 역사상 아주 적절한 시기에 나타난 새로운 종류의 건물이었음에 틀림이 없다.

확실히 처음에는 사람들을 놀라게 했지만 실제로는 얼마 안가서 그 가치를 인식하게 된다. 건물을 이해한다는 것은 그렇게 힘든 것은 아니다.

(204번 사진) 캘리포니아주 산타 바바라의 트리메인(Tremaine) 저택은 1930년대와 1940년대에 많은 훌륭한 건물을 설계한 리처드 노이트라(Richard Neutra)에 의하여 설계되었다. 이 건물이 처음으로 나타났을 때 형태의 논리와 흐르는 듯한 공간의 특성을 추구하던 많은 건축가들에게는 이 건물이야말로 영감의 원천이었다. 그 밖의 건축가들에게도 이 주택이 공업화된 형태이면서도 인간적인 특성을 갖고 있다는 점에서 의외의 새로운 사실을 안겨 주었다.

(205번 사진) : 건물의 개념부터 물의를 일으켰던 뉴욕 구겐하임(Guggenheim) 미술관은 라이트가 설계한 것으로 미래의 세대들에게도 틀림없이 즐거움을 주게 될 지속적인 가치를 지닌 건물이다. "잊을 수 없는 건물일 것이다."라고 말한 방문객도 있었다. 이러한 평을 듣는 것은 건물에는 매우 좋은 일이다. 사람도 마찬가지이다. 자기가 잊혀지기를 바라는 사람이 어디 있겠는가?

203

204

(206번 사진) : 왜 어떤 사람들은 늙지 않는 것처럼 보일까? 아마도 그들은 시대를 빠르게 따라가거나 앞서가기 때문일 것이다. 건물에서도 마찬가지로 시카고의 로비 하우스(Robie House)가 대담하게 "새로운" 캔틸레버(cantilever)의 형태를 갖추고 건축계에 나타난 것은 1909년이었다. 이 건물은 아직도 시대를 앞서고 있는 건축의 걸작이라 할 수 있다. 라이트의 가장 뛰어난 작품 중의 하나로 그가 참으로 위대하고 혁신적인 예술가였음을 증명하고 있다.

(207번 사진) : 모스크바를 방문하는 사람들은 성 바실(St. Basil) 사원의 잊을 수 없는 기억을 간직하고 떠나게 된다. 이 건물은 내부와 외부가 모두 경탄을 자아내게 한다. 8개의 작은 성당에 둘러싸인 하나의 큰 성당의 평면으로 이루어져 있어서 건축가들이라면 이것을 "어미닭과 작은 병아리 떼"의 구성이라고 부를 것이다. 이 건물은 독재자 이반(Ivan) 황제가 그의 전승을 기념하기 위하여 지은 것으로 그 외부는 매우 환상적이다. 전형적인 러시아식 양파형 돔을 갖고 있으나 여러 가지 선명한 색으로 변화를 주고 있다.

붉은 광장의 끝 부분 경치를 마무리 짓는데, 성 바실사원 이상의 것은 없다고 생각된다. 만약 "건축은 역사의 한 페이지"라고 한다면 이 건물은 두 페이지에 걸쳐 펴보는 그런 가치가 있다. 이 건물이야말로 역사상 많은 것을 보아 온 것이다.

205

206

10-1 지속하는 특성

(Sustaining Character)

명확히 지속하는 특성을 갖고 있는 건물도 있습니다. 프랭크 로이드 라이트에 의하여 설계된 훌륭하고 혁신적인 많은 주택들에서도 이러한 특성을 볼 수 있습니다. 한번 돌이켜 생각해 봅시다. 당신이 지금 살고 있는 곳이나 예전에 살았던 곳에 있는 주택들 중에서 그런 특성을 갖고 있는 것은 없는가? 또는 교회 건물은 어떠한가? 그리고 대부분의 대학 캠퍼스에는 적어도 하나쯤은 지속하는 특성을 갖춘 건물이 있기 마련입니다.

역사를 더 거슬러 올라가 보면, 아테네의 아크로폴리스는 자연과 인간의 파괴에 견뎌왔을 뿐만 아니라 각 시대를 지내오면서 석조건축과 조각의 극치를 순수한 아름다움으로 구현해 왔습니다. 로마의 콜로세움(Colosseum)도 또 다른 지속하는 특성을 갖고 있으며, 이스탄불의 아야 소피아(Santa Sofia)사원이나 베니스의 산 마르코(St. Mark) 대성당도 각기 다른 특성을 갖고 있습니다. 이 밖도 모스크바의 성 바실(St. Basil)사원, 크리스토퍼 렌 경(Sir Christopher Wren)이 설계한 교회도 그러한 예들입니다. 각 역사적 양식에는 걸작이라 할 수 있는 건물들이 있고 모두 지속하는 특성을 갖고 있습니다.

207

거기에다 각 지방마다의 토착건물 중에서 걸작들을 가하게 되면 그 목록은 한층 많아질 것입니다. 미국 남서부에서 멕시코에까지 걸쳐 분포되어 풍우에 견디어온 흙벽돌과 돌로 된 인디언부락(pebb), 뉴잉글랜드의 헛간들, 또는 중서부의 곡물저장고 등이 그것들입니다. 이들은 모든 사람들이 말하는 이른바, '시간을 초월한 특성'을 갖고 있는 것으로 생각됩니다. 좀더 정확히 말하면 그들은 지속하는 특성을 갖추고 있습니다.

수십 년 또는 수 세기 후에라도 사람들이 계속 좋아하는 건물은 지속하는 특성을 갖고 있습니다. 타지마할을 예로 들어 보면 그것은 당시로서는 최신의 설계법, 기술, 기교를 모두 구사한 이른바 현대적인 것이었습니다. 오늘날에 와서 이러한 방법들은 시대에 뒤떨어진 것이 되고 말았지만 아직도 이 건물은 대부분의 사람들에게 훌륭한 건축적 체험을 줄 수 있는 특성을 지속해 오고 있고, 현대의 건축가들도 그의 공간과 형태를 체험하게 되면 깊이 감동을 받게 됩니다.

위대한 건물들은 세워진 지 5개월이 되었거나 5년이 되었거나 또는 5세기가 지났더라도 지속해 가는 특성을 갖고 있는 것입니다.

그렇기 때문에 그들은 위대한 것입니다. 위대한 건물들은 그 시대의 최상의 것이며, 주도적인 역할을 하고 있는 경우가 많습니다. 그들은 지속하는 공간적, 형태적 특성을 갖고 있으며, 끊임없는 생명력이야말로 위대한 건물의 명백한 표석인 것입니다.

10-2 역사 (History)

"건물들은 역사의 한 페이지, 한 페이지입니다." 이것은 일반 사람들에게는 별로 실감나지 않겠지만 이집트의 신전은 바람에 날리는 모래와 더불어 지나간 오랜 시간에 가려져 훨씬 연관이 먼 것으로 생각될 것이고, 그래도 유엔본부 건물은 약간 우리 가까이에 느껴질 것입니다. 그러면 개인적인 역사의 한 페이지, 한 페이지라 할 수 있는 건물들은 과연 어떤 것일까? 자신이 태어난 집, 어렸을 때 살던 집, 초등학교, 중 · 고등학교, 당신이 좋아하던 대학의 건물, 지금 살고 있는 집, 이러한 것들은 자신에 대하여 많은 것들을 말해줍니다. 자신이 어떤 사람인지를 알려면 거실이나 서재를 보면 됩니다.

건물은 사람들의 문화, 기술 수준, 희망, 야망 등 그들의 발전단계를 반영하며 각 개인은 각자의 취향에 따라 선택합니다. 자신이 생활하는 공간은 자신의 가치관을 반영하는 것입니다.

각 민족에 대해서도 같은 식으로 말할 수 있습니다.

건물은 그 시대의 생활양식, 경제, 그리고 기술을 반영합니다.

건물은 사람들이 어떻게 생활하고, 일하고, 놀고, 배우고, 그리고 신앙을 갖고 싶어 하는가에 관계가 있습니다. 고딕양식의 대성당은 높은 석조 구조체를 가능케 한 당시의 기술적 발전뿐만 아니라 그 특정한 시대의 완고한 도덕관이나 종교적 가치관을 반영하는 것이었으며, 스코틀랜드의 성들은 당시의 전시적 상황이나 건축가들에 의한 기능상 혁신을 확실하게 보여주고 있습니다. 현대의 고층건물은 엘리베이터와 철골구조의 발명과 같은 기술적인 진보뿐만 아니라 현대에 있어서의 경제적 가치관을 나타내고 있습니다.

영국, 프랑스, 스페인, 이탈리아, 러시아, 인도, 터키, 그리스 등 많은 나라의 건물의 오랜 역사는 미국에 있어서 건물의 역사보다 훨씬 오래되었습니다. 미국의 역사는 좀 사정이 달라서 다만, 2세기 동안에 우수한 많은 건물을 갖는 나라가 되었습니다. 미국의 모든 지역은 각각 독자적으로 독특하고 인상적인 건축적 전통을 이루었으며, 거의 모든 도시에는 건물이 세워진 특정한 시대의 생활양식적 특징을 보여주는 오래된 우수한 건물들이 있습니다. 이 건물들을 밖에서 바라보고 들어가 보지 않더라도 건물의 이용자들이 어떠한 종류의 옷을 입고, 어떤 종류의 자동차를 타며, 어떤 종류의 가구를 사용하고 내부를 치장했는가를 말할 수 있습니다. 당신은 어떤 특정한 시대의 건물이나 가구, 의복이 어떻게 같은 것처럼 보이는가 알아 본 적이 있습니까?

208

209

(166~167페이지의 사진) : 건물은 시대와 함께 변한다. 사회, 개인, 스피드, 의무, 윤리, 문화 등이 변하므로 아름다움에 대한 개념도 변한다. 따라서 어떤 세대에 좋게 보였던 것도 다른 세대에는 그렇지 못한 경우가 많다. 그러나 교양이 있는 사람이라면 역사상 각 시대의 가장 훌륭한 건물들의 가치를 깊이 인식한다.

자신이 살고 있는 도시에서 자신의 주변을 살펴보십시오. 어떤 도시에든지 역사적 의미를 갖는 건물이 있습니다. 그 지역의 문화재 보호단체 및 고건축 연구단체에 문의해 보면 이러한 훌륭한 고건축을 견학하는 모임이 언제 있는지 알아보십시오. 이들 오래된 건물의 공간이나 형태는 일부러라도 체험해 볼 만한 가치가 있으며, 오래된 건물의 역사를 조금이라도 알고 있으면 새로운 건물의 건축적 체험을 풍부하게 하는 데 큰 도움이 될 것입니다.

인간은 건물을 세우며, 그들이 무엇을 세우느냐 하는 것은 사회의 가치관을 말해줍니다. 그들이 어떻게 세우느냐 하는 것은 기술의 정도에 따라 다릅니다.

(p.168 사진) : 현재는 과거를 반영한 것이다. 사람들이 무엇을 건축하고 있는가를 보면 그들의 가치관을 알게 되고, 그들이 어떤 방법으로 세우는가를 보면 그들 기술의 진면목을 알게 된다. 이 사진의 건물이 현대의 세대에 속한다는 것은 명백한 사실이다. 윗세대에서는 그 시대에 지을 수 없었던 것이다. 당시의 구조기술로는 이와 같은 거대한 캔틸레버구조가 불가능한 것이었으며, 당시의 재료 기술로는 이와 같이 단열성이 좋고 휘도가 낮은 유리를 만들 수도 없었다. 이것은 시대를 표현하는 건물로서 기술이 그것을 가능하게 해 준다.

10-3 기술 (Technology)

'기술'이란 말은 이 책에서도 여러 번 언급되었지만 여기서 이 말을 좀 더 상세히 설명해 보겠습니다. 건축 기술은 시스템(구조, 난방, 공기조절, 전기, 엘리베이터, 에스컬레이터, 기타)이나 재료, 공법과 관계된 것입니다. 기술이란 우리에게 쾌적감을 주는 데 관계가 있고 재료를 만들어 조립하는 방법을 일컫는다면 더 쉽게 이해될 것입니다. 기술은 건물의 모양을 이루는데 큰 몫을 하고 있으며, 역사적으로 그래 왔고 앞으로도 같은 역할을 할 것입니다. 중간에 기둥이 없이 얼마나 넓고 높은 공간을 만들 수 있는가는 각 시대의 기술에 의하여 결정되었습니다. 고대 이집트의 기술로는 높은 건물은 가능하였으나 기둥이 없는 넓은 공간을 만드는 것은 불가능했습니다. 최대의 피라미드인 케오프스(Cheops)는 연마된 석회암의 정점이 없어지기 이전에는 그 높이가 481피트(145미터)나 되었습니다.

평균 2.5톤(그 중에는 200톤이나 되는 것도 있습니다.) 무게의 거대한 돌이 이와 같은 높이에 질서정연하게 쌓여졌다는 것은 아직도 불가사의한 일이 아닐 수 없습니다. 2500년이 지난 지금도 서 있는 카르나크 신전은 6층 높이에 해당하는 돌기둥을 갖고 있습니다. 또 한 가지 불가사의한 일은 도대체 어떤 방법으로 그 당시 사람들은 이 거대한 둥근 돌을 거의 70피트(22미터) 높이에 올려놓을 수 있었느냐 하는 것입니다. 그들은 어떻게 하면 높게 지을 수 있을까 하는 생각은 갖고 있었으나 그들의 기술로는 폭넓은 공간을 이루는 데 제한을 받아 기둥과 기둥 사이의 간격은 석조 지붕판의 폭과 같았지만 오늘날의 기술로는 거대한 공간을 쉽게 이룰 수 있습니다. 카르나크 신전은 건설하는 데 수세기가 걸렸으나 요즈음에는 카르나크보다 바닥면적이 큰 공공건물이라 하더라도 3년 이내에 건설될 수 있습니다.

기술은 프로덕트(product, 생산물)뿐만 아니라 프로세스(process, 생산과정)에도 관계됩니다. 기술에 따라 어떤 재료가 어떻게 사용되는가 하는 것이 결정되는 것입니다. 기술은 형태를 창조하고, 기술은 바로 형태의 논리인 것입니다. 기술은 형태에 정신을 부여하는 데 도움을 주고, 형태와 시간을 결부시켜 줍니다. 기술이 허용하지 않는 한 새로운 형태는 있을 수 없고, 오늘날에 와서 건축가나 엔지니어들이 오래된 양식을 흉내 낼 필요가 없어졌습니다. 기술은 그들에게 새로운 형태를 개발할 수 있는 한없는 기회를 주고 있고, 구시대의 형태를 모방한다는 것은 참으로 어리석은 일입니다. 고딕 형태는 그 당시의 기술에 속하며, 요즘 시대의 기술에 속하는 것은 아닙니다. 20세기의 캔자스주 평원 한가운데에 세워진 튜더(Tudor)식 주택이란 그야말로 시대착오이며, 장소 착오인 것입니다.

지금도 이용자나 방문객을 계속 들뜨게 하는 오래된 건물이 있습니다. 로스앤젤레스에 있는 브래드버리 빌딩(Bradbury Building)이 바로 그것입니다. 19세기 말경에 세워졌는데 당시에 이용자가 입주했을 때 만하더라도 아주 모던한 것이었습니다. 주로 주철이 사용되었고 당시의 기술로는 최고 수준을 보인 그야말로 공업시대의 윤리와 정신을 나타내고 있었습니다. 조립부품을 공장에서 경제적으로 대량생산할 수 있었으므로 이 건물은 이들을 사용한 실제적인 사례였습니다. 그 골격적 형태는 참되고 아직도 아름답습니다. 이 건물은 다른 어떤 건물의 모방이 아닌 역사 중에 자체적인 장소와 시대를 점유하며, 지금도 충분히 기능을 다하는 건물로서 존재하고 이용자들을 즐겁게 해주고 있습니다. 이 건물은 식견이 있는 사람에게는 매우 아름답게 느껴지고 있고, 이것이야 말로 지속하는 특성을 갖추고 있다고 할 수 있습니다.

이와 같은 건물은 이미 공장제 주철구조 부재를 구할 수 없기 때문에 앞으로 또 다시 세워질 수는 없을 것입니다. 그러나 이러한 부재를 석고나 플라스틱으로 복제하려는 사람이 나타날 수도 있습니다. 현대의 기술로는 어떤 '양식(style)'이라도 복제가 가능하지만 그것은 진짜 양식이라고는 할 수 없습니다. 세계2차대전 중 마라스키노(maraschino) 술을 담글 앵두를 식용종이로 만들었다고는 하지만 플라스틱제 '주철부재'는 더욱 받아들이기가 어려울 것입니다.

왜 건축가들은 과거의 것을 모방하려고까지 하는가 하는 것은 이해하기 힘든 일입니다. 그들은 과거의 것을 모방하여 만드는 일이 다만 다른 시대의 장식을 천박하게 이용할 뿐이라는 것을 알아야 할 것입니다. 기술이란 보다 더 깊은 것으로서 개인의 육체적, 감정적, 그리고 지성적인 쾌적함에 직접 관계되는 것입니다.

쾌적감은 육체적인 것뿐만이 아니라 온도차에서 비롯된 벽의 균열, 평탄치 않은 바닥, 페인트가 벗겨진 것처럼 사소한 결함에도 육체적, 감정적, 지성적 레벨에서는 큰 흠이 되는 것입니다. 보다 나은 기술로 이들의 결함을 방지하게 되면 건물은 보다 좋은 감상이 될 수 있습니다.

쾌적감은 기술에 의존하고 있습니다.

미의식은 쾌적감과 관계가 있습니다. 건물이 아무리 효율적으로 설계되고 아름답게 균형 잡혀 있으며, 최고의 재료로 훌륭하게 만들어졌다고 해도 이용자가 너무 춥거나 더워서 쾌적하게 느끼지 못하게 되면 온도가 올라가고 내려갈 때마다 그 건물을 좋게 생각하려는 마음도 따라서 식어버릴 것입니다. 조명이 어둡다든지 눈부시다든지 할 때도 건물의 감상은 어려울 것이며, 음악회에서 이용자가 첼로의 소리를 들을 수 없다면 더욱 문제될 것이고, 만약 엘리베이터의 속도가 너무 느리다면 아무래도 그 건물을 좋아하지 않을 것입니다. 황금으로 만든 수세식 변기라도 관이 막히면 잘 작동하는 도기 변기보다 더 나을 것이 없습니다. 그리고 지붕이 새서 오리엔트산의 오래된 융단을 적시게 되면 건물에 대한 호의는 반감되고 말 것이며, 그리고 직접 젖게 되면 기분은 매우 나빠질 것입니다.

어느 비 오는 날 밤에 매우 화가 난 한 건축주가 프랭크 로이드 라이트에게 전화를 걸어 자신의 집 거실에 비가 새는 데 어쩌면 좋겠느냐고 물었다고 합니다. 이에 카리스마적인 라이트는 "물통을 놓아두시지요."라고 대답했다고 합니다. 물이 새는 문제를 속인다고 해서 건축적 체험이 높아지는 것은 아니며, 그것은 라이트의 걸작인 경우에도 예외가 될 수는 없습니다.

212

213

(212번 사진) : 기술은 생활양식을 변화시킨다. 자동차는 도시를 변하게 하고, 용접에 의한 조각은 예술을 변화시켰으며, 레코드판과 CD는 음악을 변화시킨 것이다. 그리고 무엇보다도 극적인 것은 기술이 건물에 이미 변화를 주었다는 것과 앞으로도 계속 그러리라는 것이다. 위의 사진은 산타 클라라대학의 활동센터로 공기압으로 지지된 지붕구조를 갖고 있다. 공기압으로 지지된 건물은 건설비와 건설기간을 절약할 뿐만 아니라 좋은 채광과 넓은 공간을 매우 경제적으로 덮을 수 있게 하며, 이 밖에도 많은 이점을 갖고 있다. 이것을 아래의 사진에서 보여주는 건물과 비교해 보면 극히 대조적인 것을 알 수 있다. 한쪽은 경쾌하고 환상적이며 또 한쪽은 중후하고 시각적으로 매우 힘찬 모습을 보여 준다.

(213번 사진) : 오하이오주 아크론의 토머스 무대예술 홀의 로비이다. 여기서 모빌 조각은 단지 매달려 있는 것만이 아니고 옛날식 오르내리기창의 추 모양으로 실내의 추로서 그 역할을 하고 있다. 이 추들은 공간의 음향효과를 변화시키기 위하여 천장을 올리고 낮추는 데 쓰인다. 천장의 높이가 변화하면 추의 조각으로서 형태에도 변화가 생기게 되며, 이것은 예술과 기술의 조화된 결합이라고 볼 수 있다. 기술을 이해하게 되면 건축을 감상하는 힘도 그만큼 커진다.

(214번 사진) : 로스앤젤레스에 19세기 말에 세워진 브래드버리 빌딩(Bradbury Building)은 공업시대의 산물로서 당시에는 주철을 흔히 사용한 거장들의 시대였으며, 당시 건축가들은 공간과 채광의 거장들이었다고 말할 수 있다. 다른 어느 것보다도 철의 기술이 이 건물의 시대를 잘 나타내 준다.

1950년 이래로 기술에 관련된 미의식에 진기한 변화가 일어났다. 그때까지만 하더라도 대부분의 사람들은 난방용 덕트, 철골조 지붕틀, 보, 서까래 등이 눈에 보이는 것을 꺼려했다. 그러나 오늘날에 와서는 오히려 이런 것들을 숨기는 것을 싫어하게 된 것이다. 건물의 구성부재를 조각적으로 표현하려는 욕구가 커짐에 따라 건축가들은 여러 가지 시스템을 하나의 일체화되고 채색된 시스템으로 노출시켜 디자인하게 되었다. 위의 사진에서처럼 휴스턴의 중심지에 있는 사무실 건물에서 호텔로 가는 통로는 구조부재와 설비배관을 솔직하게 노출시켜 예술적으로 처리하고 있다. 대부분의 사람들은 거대한 조각품 가운데를 걷는 것처럼 느껴서 매우 좋아하고 있다.

216번 사진의 학교는 일체화된 시스템의 예로서, 아동들은 현대 기술의 적극적인 면을 체험하고 있다. 중앙집중식 난방과 공기조화로 아동들은 연중 쾌적하게 지내고 있으며, 그들은 그것이 어떻게 이루어지는가를 볼 수 있다. 이와 같이 노출되어 일체화된 기계, 전기, 구조 시스템에 의하여 그들은 건물의 상세한 조직을 일상의 교훈으로 배우고 있는 것이다. 그들은 시각적인 자극을 좋아하며 기술은 그들의 일상생활을 풍요롭게 해 준다.

215

216

11. 설계 (Design)

건물을 충분히 감상하기 위해서는 설계의 과정(process), 즉 건축가들은 어떤 일을 하고 있는가를 아는 것도 유익한 일입니다.

건물을 설계하는 일은 의자를 디자인하는 것과 그다지 다를 것이 없습니다. 가장 먼저 할 일은 문제가 무엇인지를 알아내는 것입니다.

그것은 '프로그래밍(programming)'이라 하는 것으로 건축가와 같은 전문가들 사이에서는 문제의 탐색이라고 하는 경우도 있습니다. 물론 의자를 프로그램하는 편이 대규모의 복합건물을 프로그램하는 것보다 훨씬 간단합니다. 대규모 복합건물의 경우에는 기능과 사회적 요구 사항에 관계된 여러 면이나 뉘앙스를 조사하여 계통을 세우고 단순화하기 위하여 간혹 컴퓨터를 사용해야 할 정도로 복잡합니다. 문제의 탐색이 전체 설계 과정의 제1단계라면, 제2단계는 문제의 해결로서 이 단계는 개념적 디자인과 관계됩니다. 제3단계는 디자인 전개 단계로서 디테일(detail, 세부마감 등)을 다루며, 제4단계에서는 계약에 필요한 도면, 즉 시공 도면을 제작하는 일입니다. 제5단계는 말할 필요도 없이 건물을 건설하는 단계입니다.

건물을 설계한다는 것은 결코 간단한 일이 아닙니다. 강력하고 단순한 해결을 얻기까지는 기능, 형태, 경제성, 시간 등과 관계된 많은 도식적 분석이 일반적으로 필요합니다. 건물의 크기나 성격에 따라 트레이싱 페이퍼를 수백 장이나 없애고 모형 만들기를 여러 번 반복하며 검토하는 것입니다. 설계란 진실을 추구하는 작업이고, 복잡성에서 단순성을 얻어내는 과정이며, 설계는 인간의 요구를 만족시키는 일에도 관계되며 또 창조성이 요구됩니다. 이와 같이 설계는 많은 것을 의미하지만 설계의 기본적인 과제는 바로 다음과 같습니다.

설계란 기능과 형태와 경제와 시간을 조정하는 것입니다.

건물을 모양짓는 이들 4가지 힘이 잘 균형을 이룰 때 건축이 나타날 가능성은 한층 커지는 것입니다. 이 얘기는 결코 새로운 것이 아닙니다. 이미 예전에 비트루비우스(Vitruvius)가 '편리함, 견고함, 즐거움'이라는 낱말을 써서 같은 것을 말한 바 있습니다. 설계는 항상 요술과 같은 행위였기 때문에 창조성이 끼어들게 되는 것입니다. 논리성과 창조성이 겸비된 건축가들만이 이러한 균형을 발견하게 됩니다.

설계는 문제를 푸는 일이며, 창조성은 독창적인 해결을 가져오게 합니다. 이와 같은 독창적인 해결은 익숙한 정석적인 해결에 안심하는 것과는 대조적으로 다양성을 구하는 욕구에 대하여 호기심을 자아내거나 호소하는 힘을 갖고 있습니다. 때로는 이 독창적인 해결이 너무 놀라워서 그의 타당성이 증명되기까지는 약간의 시간이 걸리는 경우도 있습니다. 그것은 인상파의 그림이 처음에는 거부되었다가 나중에는 큰 인기를 얻었던 것과 매우 흡사한 일입니다. 특이하고 불쾌하게 느껴지는 건물도 시간이 지나면 매력적인 것이 될 수도 있습니다.

건물을 충분히 감상하려면 건축가들에 대하여 어느 정도는 알고 있어야 도움이 됩니다. 건축가들이 괴상한 인종이라는 것은 알려진 사실입니다. 창조적인 사람들이란 때때로 특이한 구석이 조금씩 있기 마련입니다. 건축가들은 변화하면서 성장하는 것 같습니다. 그들은 처음 10년간은 어느 한 방향으로 매진하였는가 하면 다음 10년간은 방향을 바꾸어 전혀 반대방향으로 돌진하기도 하는데 이를 나쁘다고만 할 수는 없습니다. 그들은 새롭고 의미 있는 형태, 보다 경제적인 해결, 보다 나은 기능과 시기에 적절한 건물을 찾고자 노력하는 것입니다. 때로는 잊고 온 좋은 것을 다시 줍기 위하여 오던 길을 되돌아가는 경우도 있습니다. 그들도 인간이기 때문입니다.

1940년대 말경에 어떤 노인 건축가 한 사람이 "나는 언젠가 다시 벽에 구멍을 내는 식의 창을 내게 된다 하더라도 결코 놀라지 않을 걸세"라고 말했습니다. 그가 이 말을 했을 때는 수평으로 띠 모양의 창이 한창 유행되던 시기였습니다. 어떤 젊은 건축가가 이 말을 듣고 "저 불쌍한 늙은이는 한치 앞도 못 보고 있어. 벽에 구멍 내는 식의 창은 결코 다시 나타나지 않을 거야."라고 했습니다. 그의 말은 약 10년간은 들어맞았습니다. 그때는 수평의 띠창이 점점 커져서 결국 건물 전체를 덮어 버리게 되어 골격과 유리만을 남기게 된 순수한 미이스식의 건물 효과를 갖게 되었습니다.

그리고 상황은 역전되어 결국 굳은 벽에 구멍을 내는 식의 창이 부활한 것입니다. 건축가들은 다시 수평의 띠창을 버리게 되었고, 다시 10년 후인 1970년대 후반 또 다른 역전이 일어나 그 수평의 띠창이 부활하여 1950년대 초반처럼 인기를 얻게 되었던 것입니다. 그 이유는 도대체 무엇일까? 에너지 절약을 위한 것일까, 아니면 건축가들이 무엇인가 색다른 것을 원했기 때문일까? 아마 두 가지가 모두 이유가 되었을 것입니다.

비행사들처럼 건축가들도 180도 회전을 좋아하고, 대부분의 경우 그들은 충분한 이유가 있어서 회전을 합니다. 즉 기술, 경제성, 생활양식의 변화가 회전을 요구하기 때문입니다.

1950년대 전반의 건축가들은 사물이 작동하는 데만 관심을 가졌던 기능주의자들이었습니다. '기능을 잘하면 보기도 좋다'고 말하며, '형태는 기능에 따른다.'는 루이 설리번(Louis Sullivan)의 유명한 말을 받아들였습니다.

그런데 또다시 역전이 생겼습니다. 변신을 잘하는 바다의 신인 프로테우스(Proteus)처럼 그들은 변한 것입니다. 건축가들은 아름다운 형태의 창조에 매달린 형태주의자로 되어 "아름답기만 하면 사람들은 좋아한다."고 말하는 것입니다. 어떤 기능에도 적응하는 '보편적 공간(universal space)'을 사용하는 것이 원리가 된 것입니다. 1960년대 그들의 신조는 '기능은 형태를 따른다.'는 것이었습니다.

1970년대에 들어서 건축가들은 다시 기능을 강조하게 되었습니다. 그들은 성능에 관하여 얘기하게 되었으며, 어떻게 건물의 성능을 측정할 수 있을 것인가 하는 문제나 라이프 사이클과 비용 등에 관한 세미나에 참석하기도 하였습니다. 경제가 침체됨에 따라 그들은 비용을 절감하기 위하여 '지방질을 떼어 버리듯' 필요 이상의 공간을 없애는 방법을 찾기 시작하였고, 건물이 높은 효율로 성능을 발휘할 수 있는 보다 나은 계획기술을 찾고자 한 것입니다. 그들은 지금도 보다 더 좋은 건물을 만들기 위하여 노력하고 있습니다.

1950년대의 건축가들은 가벼운 것을 선호했으며, '떠 있는 건축(floating architecture)'이라는 표현을 썼습니다. 그래서 내력벽은 시대에 뒤떨어진 것이 되었습니다. 그들은 건물이 지면에 박혀 있다기보다는 공중에 매달려 지상에 떠있는 듯이 보이는 건물을 선호하였고, 곧 가벼운 것은 좋은 것이었습니다.

그 후 10년이 지나서 또 변화가 왔습니다. 콘크리트기술의 발전이 이 변화를 가져오는 데 크게 기여를 한 것입니다. 1960년대에는 건축가들의 취향이 가벼운 것에서 무거운 것으로 옮겨간 것입니다. 그들은 투자한 돈이 상환되기도 전에 못 쓰게 될 그런 가벼운 건물이 아니라 영구적인 건물을 원했습니다. 또 그들은 기념비적인 것을 재발견했으며, 아치를 재발견한 건축가들조차 있었습니다. 건물의 수상작품 심사위원회는 각 응모작품을 무게로 잰 듯이 무거운 건물에 상을 주었을 정도였습니다.

또 다시 10년이 지난 후, 1970년대에는 건축가들이 재차 180° 역전하여 가벼운 것이 다시 유행하게 되고, 유리와 금속으로 된 벽이 콘크리트와 벽돌의 자리를 차지하게 되었습니다. 따라서 "우아한 경쾌감", "기계의 미학", "수정 같은 효과", "건물의 시스템을 노출시킨 외관"등과 같은 표현을 썼습니다. 이러한 등등의 일은 계속됩니다.

건축가들에게도 공정을 기하기 위하여 여기서 반드시 지적하고 넘어가야 할 것은 이와 같이 일관성 없는 것처럼 보이는 행동도 건물을 설계하는 예술과 과학을 발전시키기 위해 필요하다는 것입니다. 새로운 아이디어, 새로운 재료, 그리고 새로운 건설방법을 통합한 주도적인 건물은 항상 있어야 하는 한편 사람들이 감당할 수 있는 건물도 필요한 것입니다.

새로운 아이디어가 새로운 형태로 결과를 맺어 출현할 때 일반 대중은 흔히 충격을 받게 됩니다.

지식을 좀더 쌓을 때까지 판단을 보류하고 자신에게 다음과 같이 질문해 보십시오. 도대체 무엇이 변화를 가져왔는가? 그것은 새로운 기술일까? 건물에 새로운 기능을 요구하는 새로운 생활양식인가? 시대의 정신을 표현하는 새로운 방법인가? 또는 단순히 오래된 문제를 풀려는 더 좋고 창조적인 해결 방법에 지나지 않는 것인가?

너그러운 마음을 갖고, 처음에는 특이하게 보이는 새로운 건물도 기꺼이 연구할 자세를 왜 가져야 하는가를 알았을 것입니다. 오래된 것이나 새로운 것에 상관없이 건물에 대한 자신의 지식이 축적되고 감상의 수준이 높아감에 따라 건축가들의 새로운 생활양식, 새로운 기술, 경제적 추세, 새로운 사회학적 역점, 새로운 철학적 사상 등과 연관지어 그들의 설계방법을 바꾸거나 심지어는 전문용어까지 바꾸어가며 일하는 것을 관찰하는 데 큰 매력을 느끼게 될 것입니다. 건물을 형성하는 데는 문자 그대로 수천 가지의 인자가 있습니다. 건축가들은 이들 인자에 대하여 마음의 파장을 맞추고 응답하려고 노력하고 있습니다. 건축가들은 국가의 경제적, 문화적 발전에 매우 중요한 역할을 하고 있습니다(이것은 건축가인 필자들의 선전문은 아닙니다). 그러나 건축가들도 "건축"보다 중요한 것은 결코 아닙니다.

건축이라고 생각할 수 없는 건물은 미술이나 음악이 없는 세계와 같습니다. 그런 세계는 살기 좋은 곳이라고 할 수 없습니다.

(177~179페이지의 사진) : 건물은 인간과 같은 것이다. 해변에서 근육을 과시하고 있는 젊은 남자와 같이 육체적인 것도 있고 보는 사람의 감정을 상하게 할 정도로 지나치게 감상적인 것도 있다. 또 어떤 것은 매우 지성적인 것도 있고, 어떤 것은 보기에도 둔하여 이용자에게 능률적이고 효과적으로 도움이 될 것 같지 않은 것들도 있다. 어떤 유명한 건축과 교수가 기능이나 구조적으로는 시원치 않으나 보기에는 외관이 그럴듯한 한 학생의 설계과제를 평하면서 말했다. "존스, 자네의 설계는 온통 섹스 어필뿐이고 알맹이가 없네."

건축은 인격화해서 생각할 수 있다. 남성적인 것이 있고 여성적인 것이 있으며, 시끄러운 것이 있고 조용한 것이 있으며, 소심한 것이 있고 차분한 것도 있다. 또 지나치게 꾸며진 것이 있는가 하면 자제하는 것도 있으며, 경박한 것이 있고 신중한 것이 있다. 뚱뚱한 것과 마른 것, 친근한 것과 소원한 것, 부유한 것과 가난한 것, 당당한 것과 땅딸막한 것, 등등 여러 가지가 있다.

여기에 실은 여러 가지 건물 사진을 보고 당신 자신의 어휘로 평가를 해보도록 하고, 처음에는 이러한 연습이 우습게 느껴질지도 모르지만 경험을 쌓게 되면 건물에 대한 통찰력이 더 확실해질 것이다. 어떤 것은 매우 육체적이고 어떤 것은 내용이 없는 공상적인 것인 반면에 적어도 둘 정도는 내용과 창조성이 모두 풍부한 것도 있다. 질적으로 당당한 건물은 어떤 것인가? 이상한 것은 어떤 것이고, 색다른 것은 어느 것인가? 이런 식으로 하다보면 항상 최후의 심판자가 되는 것이다. 그리고 자신만이 어떤 건물을 건축이라 할 수 있는가를 알고 있다는 것이다. 적어도 자신에게 있어서 말이다.

217

218

219

220

221

222

223

224

225

226

227

228

12. 요약(Wrap-up)

건축의 감상에 관한 기본적인 사항들은 이제 거의 모두 말한 것 같습니다. 여기에 이들을 다시 요약해 보겠습니다.

건축은 개인적이고 즐거우며 불가결한 체험입니다.

건물은 사람들을 즐겁게 하기 위해 존재합니다. 어떤 건물이라도 가장 중요한 것은 인간의 육체적, 감정적, 그리고 지성적 필요에 대응해야 한다는 것입니다.

건물은 공간과 형태로 이루어져 있습니다. 공간에는 정적 공간과 동적 공간의 두 종류가 있으며, 형태에는 조소적 형태, 평면적 형태, 그리고 골격적 형태의 세 종류가 있습니다.

역사는 건물이 무엇을 하는 것이며, 제 기능을 얼마나 잘하고 있는가를 말해줍니다.

역사적 양식은 연구해 둘 필요가 있습니다. 참된 역사적 양식과 부동산 광고에서나 나올법한 양식과는 큰 차이가 있다는 것을 기억하십시오. 그것은 양식과 흔히 말하는 스타일의 차이입니다. 양식은 건물이 세워졌을 때의 문화를 반영하고 있지만, 스타일은 흉내 내는 것에 지나지 않습니다.

건물은 시각적 특성을 갖고 있습니다. 지식이 풍부한 사람은 건물이 언제쯤 세워진 것인지 알 수 있습니다.

보기 좋은 프로포션에 대한 탐구는 결코 끝이 없을 것입니다. 기술도 무엇이 옳게 보이는가를 결정하는 데 한몫을 합니다. 스케일도 마찬가지입니다. 건축가들, 평론가들, 그리고 역사가들이 쓰는 말에는 서로 다른 많은 스케일이 있지만 이들도 물리적 스케일, 연상적 스케일, 그리고 실효적 스케일의 세 종류로 나누어 생각할 수 있습니다.

공간과 형태를 예술적으로 구성하여 의미 있는 하나의 아름다운 전체적 형태로 이루는 데는 대단한 솜씨가 필요합니다. 건축가들이라고 모두 같지는 않지만, 어떤 건축가들은 다른 건축가들 보다 뛰어난 구성의 능력을 갖고 있습니다. 그들이 설계한 건물들이 그것을 증명해줍니다.

건물은 사회의 필요에 의한 것이며, 이들의 필요를 만족시켜야 합니다. 한 나라의 건물은 그 나라의 사회적 목표를 반영하고 있습니다.

심리학적인 의미에서 건물은 우리를 돕기도 하고 방해하기도 합니다.

색채의 법칙은 색채를 체험하는 사람의 경험이나 지각에 크게 관계됩니다.

광선도 벽돌이나 철재처럼 건축가들이 다루는 소재입니다.

위대한 건물은 지속되는 특성을 갖고 있습니다.

대부분의 건물은 성장하는 것이므로 건물이 어떻게 성장하고 발전해 가는가를 미리 고려해 두는 것이 중요한 일입니다. 그렇지 않으면 건물은 능률이나 효율의 변화에 맞게 크게 고치게 될 것입니다.

기술이 따르지 않으면 새로운 형태나 보다 큰 공간은 이루어질 수 없습니다.

좋은 건물은 전체에서 아주 작은 세부에 이르기까지 건축가의 애정과 부드러운 손길이 스며들어 있습니다.

건물이 지면과 하늘에 맞닿는 결합부는 가장 중요한 결합부입니다.

만약 작은 결합부의 디자인이 잘 처리되면 그 건물은 좋은 건물이 될 확률이 높아집니다. 디테일이야말로 건축가의 기량을 나타내주는 것입니다.

상징주의는 늘 존재해 왔으며, 어떤 건물은 그 자체가 상징물인 경우도 있습니다.

건축가들은 공간과 형태에서 단순하고 명쾌한 표현을 찾으려고 애쓰고 있습니다. 그러나 때로는 복합성이나 모호성이 칭찬의 대상이 되어 의식적 또는 무의식적으로 설계에 반영된 경우도 있었습니다.

에너지 절약은 디자인을 결정하는 요소입니다. 그것은 앞으로 세로운 형태를 창출해내는 큰 요인이 될지도 모릅니다.

성공적인 건물이란 기능, 형태, 경제성, 시간 등의 균형에 있어서 성공한 건물을 말합니다.

어떤 특정 건물이 과연 "건축"이라고 할 수 있는지 없는지를 최종적으로 판단하는 것은 자신입니다.

설계가 잘된 건물의 경우에 그 건물을 잘 알수록 건축적 체험은 깊어져 갑니다.

지식이 늘면 늘수록 감상력은 깊어지고 즐거움은 한층 더 커질 것입니다.

역자후기

건물을 새롭게 설계하여 지으려는 사람들이나 건축에 관심을 갖고 건축이 무엇인지 알고자 하는 사람들, 그리고 건축과 관련된 분야에 종사하는 사람들에게 건축을 좀 더 쉽게 이해시키고 감상할 수 있게 하는 방법은 없을까? 또한 건축학과의 저학년 학생들에게 길잡이가 될 입문서는 없을까? 하는 문제로 늘 고심해오던 중 우연히 William Wayne Caudill의 Architecture and you를 접하게 되어 바로 번역작업에 임하였다.

실제로 건축을 공부하고 이미 실무에 종사해 온 사람들도 가끔은 "참뜻의 건축"이란 무엇일까? 하고 다시 생각하는 경우가 많으며, 특히 1970년대 후반에 들어와서 "포스트 모던"이라는 초현대적(?)인 건물들이 건축전문지를 메우기 시작하면서부터 현대미술을 이해하기 힘든 것 이상으로 "건축"이 무엇인지 알기 힘들어졌다고 흔히들 말한다.

본래 「Architecture and you」라는 제목에 "How to experience+enjoy building"이라는 부제가 붙은 이 책은 미국의 CRS 건축설계사무소의 스태프들에 의하여 쓰인 것으로 그들의 오랜 실무경험을 바탕으로 그들 나름대로의 "건축을 보고 느끼는 방법, 건축에 대한 자세와 사고" 등을 알기 쉽고 솔직하게, 그러면서도 매우 시원스럽게 피력하고 있어서 우리의 고심을 풀어 주기에 충분하다고 생각한다.

CRS 건축사무소는 우리나라에 그리 알려져 있지 않았지만 1946년에 텍사스주 휴스턴에 세워진 이래 설계과정이나 설계조직, 건축에 대한 그들의 진지한 태도와 더불어 매우 세련된 건물을 내놓고 있는 사무소로서 미국뿐만 아니라 국제적으로도 매우 잘 알려져 있으며, 우리나라에도 진출함으로써 곧 그들의 작품을 보게 될 것으로 생각된다.

이 책을 번역하는데 있어서 혹 저자의 의도를 그르칠까 또는 번역된 책에서 흔히 볼 수 있는 잘못을 저지를까 염려하여 매우 진지하게 다루려고 애썼으며, 실제로 대학에서 학부의 교재로 사용하면서 직접 번역에 임했고, 또 젊은 교수진과 대학원의 학생들에 의한 여러 차례의 독해와 교정을 거쳐서 내놓게 되었기 때문에 번역작업이 예정보다 늦어졌고 또 본인이 미국에 교환교수로 떠나게 되어 번역 후의 모든 뒷일을 젊은 교수진에게 떠맡기고 출발했기 때문에 기문당의 강해작 사장님이나 젊은 교수진에게 큰 어려움을 드리게 되었다. 그러나 지금 미국에서 또 다른 경험들을 하면서도 역시 번역본을 내기로 한 것은 여러 면에서 잘한 일이라 생각하며, 이 책을 감히 여러분에게 선보인다.

독자 여러분에게 건축의 이해에 미력하나마 도움이 되었으면 하는 바람으로 역자 후기를 맺는다.

미국 Oklahoma State Univ.에서
역자

건축의 이해
ARCHITECTURE AND YOU

2023년 3월 5일 발행
2026년 3월 5일 발행

저 자 윌리엄 W. 카우델
윌리엄 M. 페너
폴 케논
역 자 박만식
발 행 처 기문당
주 소 서울시 성동구 무학봉28길 4-1
전 화 02) 2295-6171~2
팩 스 02) 6971-8188
홈페이지 www.kimoondang.com
I S B N 978-89-7086-859-2 93540